计算机技术开发与应用丛书

Flutter
跨平台移动开发实战

董运成 ◎ 编著

清华大学出版社
北京

内 容 简 介

本书主要介绍 Flutter 框架跨平台开发相关知识、常用学习网址、相关软件的安装,以及基本组件的使用、布局、跳转、路由、样式、动画、程序的交互、手势识别、数据存储与访问、状态管理、HTTP 网络异步访问、与服务器端数据的交互等内容。

本书以实用为主,理论和实践相结合,结合第三方插件、组件中属性和方法使用的说明,从单个组件的使用到组件之间的组合,重点讲解与服务器端数据的交互。通过大量代码的演示和讲解,从小项目到一个相对完整的课程项目,实现综合运用各种组件,熟练掌握 Flutter 框架进行软件项目设计开发。为了便于读者理解,书中的每章都配有讲解视频。

另外,本书通过心情驿站项目案例,详细阐述了如何使用 Flutter 框架进行跨平台移动开发,内容翔实,步骤清晰,为实际软件项目开发工作提供了现实的参考解决方案。

本书可作为 Flutter 初学者的入门书籍,也可作为从事跨平台移动开发的技术人员及培训机构的参考资料。

本书封面贴有清华大学出版社防伪标签,无标签者不得销售。

版权所有,侵权必究。举报: 010-62782989, beiqinquan@tup.tsinghua.edu.cn。

图书在版编目(CIP)数据

Flutter 跨平台移动开发实战/董运成编著. —北京: 清华大学出版社,2022.10
(计算机技术开发与应用丛书)
ISBN 978-7-302-61210-0

Ⅰ. ①F… Ⅱ. ①董… Ⅲ. ①移动终端-应用程序-程序设计 Ⅳ. ①TN929.53

中国版本图书馆 CIP 数据核字(2022)第 114008 号

责任编辑: 赵佳霓
封面设计: 吴 刚
责任校对: 胡伟民
责任印制: 曹婉颖

出版发行: 清华大学出版社
网 址: http://www.tup.com.cn, http://www.wqbook.com
地 址: 北京清华大学学研大厦 A 座 邮 编: 100084
社 总 机: 010-83470000 邮 购: 010-62786544
投稿与读者服务: 010-62776969, c-service@tup.tsinghua.edu.cn
质量反馈: 010-62772015, zhiliang@tup.tsinghua.edu.cn
课件下载: http://www.tup.com.cn,010-83470236

印 装 者: 三河市金元印装有限公司
经 销: 全国新华书店
开 本: 186mm×240mm 印 张: 19.75 字 数: 493 千字
版 次: 2022 年 10 月第 1 版 印 次: 2022 年 10 月第 1 次印刷
印 数: 1~2000
定 价: 79.00 元

产品编号: 094603-01

前言
PREFACE

Flutter是计算机前端界面设计框架。2017年5月,谷歌公司发布了它的第1个版本。由于其免费、开源、漂亮的原生组件,富有表现力和灵活的外观设计,一套代码可以运行在多个平台,包括移动端、桌面、Web及嵌入式设备等优点,已成为当前最热门的跨平台开发框架之一。随着每个递增的版本和技术更新,社区对该框架的兴趣和需求逐渐增加,越来越多的开发者使用Flutter框架。国内公司对Flutter技术的招聘需求也越来越多。

本书主要包括以下内容:

第1章 Flutter框架的学习,介绍Flutter常用的网站。

第2章 Flutter开发环境的搭建,主要介绍Windows环境下Flutter开发环境的搭建。

第3章 Flutter运行环境的介绍,以及编写代码中的一些技巧。

第4章 Dart语言中常用的类、集合框架、异步的处理、异常等技术点的介绍。

第5章 Flutter中基本组件的介绍,如Flutter架构、标题栏、文本、图标、图片的显示,以及各种按钮等。

第6章 Flutter中和界面运行相关的组件,包括无状态组件和有状态组件,并以切换按钮为例子,介绍Flutter组件的运行周期。

第7章 主要介绍Flutter中的文本样式、容器的修饰、盒子修饰、字体的应用、主题的使用和国际化。

第8章 Flutter的布局,主要讲解和界面设计相关的组件,通过第三方插件实现界面布局,以及布局中的原则。

第9章 模仿实际运行的银行业App设计了Flutter界面。

第10章 讲解与用户的交互,如手势识别和常用的对话框。

第11章 介绍页面的跳转方式,以及页面间如何进行传参等。

第12章 介绍与服务器端进行交互的第三方插件和JSON数据格式的处理。

第13章 介绍表单的界面设计和向服务器进行提交时的数据验证功能。

第14章 介绍Flutter中的高级控件,如卡片组件Card、页面组件PageView、栈组件Stack、列表组件ListView、抽屉组件Drawer、网格组件GridView、选项卡组件TabBar、自定义滚动组件CustomScrollView等。

第15章 介绍Flutter中的动画,如隐式动画、显式动画、页面间跳转动画、自定义绘图动画，以及动画的调试等。

第 16 章　讲解数据的存储方式，如本地文件读写、以键-值对的方式存储、以本地数据库的方式保存等。

第 17 章　讲解 Flutter 中的状态管理和与状态有关的组件，如 InheritedWidget 组件和 InheritedModel 组件，并重点讲解了第三方插件 Provider 的使用。

第 18 章　以一个完整的项目实现讲解 Flutter 中的布局、与服务器端的交互、文本的提交、列表显示、图片的提交、图片列表的显示和本地数据库的存储等功能。

本书基本涵盖了 Flutter 中常用的知识点，从一个组件的讲解到多个组件的组合，内容通俗易懂。

由于时间仓促，加之笔者水平有限，书中难免有疏漏与不妥之处，欢迎广大读者不吝批评指正。

董运成

2022 年 3 月

本书源代码

目 录
CONTENTS

第 1 章　Flutter 框架学习（▶ 14min） ··· 1
　1.1　Flutter 官方网址 ··· 2
　1.2　Flutter 其他学习网址 ·· 3
　1.3　在线运行 Dart 和 Flutter 程序 ··· 5
　1.4　常用的学习方法 ·· 5

第 2 章　Flutter 开发环境搭建（▶ 17min） ··· 6
　2.1　国内网络环境的配置 ··· 6
　2.2　Git 软件的安装 ··· 7
　2.3　Java 软件的安装和开发环境的配置 ·· 8
　2.4　Flutter 软件的安装和开发环境的配置 ··· 9
　2.5　集成开发环境的安装和开发环境的配置 ·· 9
　　　2.5.1　Android Studio 的下载和安装 ··· 9
　　　2.5.2　VS Code 的下载和安装 ·· 13
　2.6　手机设备的配置 ·· 13
　2.7　使用 Flutter Doctor 命令测试运行环境 ·· 14

第 3 章　Flutter 运行环境介绍（▶ 12min） ··· 16
　3.1　界面的介绍 ·· 16
　3.2　创建 Flutter 工程 ·· 18
　3.3　VS Code 中 Flutter 编辑技巧 ·· 21
　　　3.3.1　组件提示功能 ·· 21
　　　3.3.2　在 Flutter 工程中插入和提取组件 ··· 22
　　　3.3.3　自动导入包 ··· 22
　　　3.3.4　快捷键的使用 ·· 22
　3.4　Flutter 项目的分析与调试 ··· 23
　　　3.4.1　Flutter 项目分析 ·· 23

3.4.2　程序的调试 ……………………………………………………………………… 24
　　　3.4.3　断言表达式 ……………………………………………………………………… 25

第4章　Dart语言介绍（▶43min） …………………………………………………… 26

　4.1　在VS Code中运行Dart语言 …………………………………………………………… 27
　4.2　Dart语言基础知识 ………………………………………………………………………… 28
　　　4.2.1　日期和时间类的用法 …………………………………………………………… 28
　　　4.2.2　符号!、?和??的用法 …………………………………………………………… 29
　　　4.2.3　final和const使用区别 …………………………………………………………… 30
　　　4.2.4　dynamic和var的区别 …………………………………………………………… 30
　　　4.2.5　late的用法 ……………………………………………………………………… 30
　　　4.2.6　List初始化、添加元素、取值 ………………………………………………… 31
　　　4.2.7　…的用法 ………………………………………………………………………… 31
　　　4.2.8　List循环输出、匿名函数、箭头函数 ………………………………………… 32
　　　4.2.9　List.generate的用法 …………………………………………………………… 33
　　　4.2.10　Set的用法 ……………………………………………………………………… 33
　　　4.2.11　Map的用法 …………………………………………………………………… 33
　　　4.2.12　fold的用法 …………………………………………………………………… 34
　4.3　面向对象编程 ……………………………………………………………………………… 35
　　　4.3.1　类的定义 ………………………………………………………………………… 35
　　　4.3.2　类的执行 ………………………………………………………………………… 35
　　　4.3.3　类的继承 ………………………………………………………………………… 36
　　　4.3.4　默认参数、可选参数、位置参数 ……………………………………………… 36
　　　4.3.5　混入Mixins ……………………………………………………………………… 37
　　　4.3.6　..的用法 ………………………………………………………………………… 38
　　　4.3.7　异常Exception …………………………………………………………………… 39
　4.4　异步操作 …………………………………………………………………………………… 39
　　　4.4.1　什么是异步 ……………………………………………………………………… 39
　　　4.4.2　Future异步的实现 ……………………………………………………………… 40
　　　4.4.3　Streams流操作 ………………………………………………………………… 42

第5章　Flutter框架基本组件的使用（▶51min） ………………………………… 44

　5.1　Flutter架构组成 …………………………………………………………………………… 44
　5.2　MaterialApp Flutter材质应用 …………………………………………………………… 45
　5.3　Scaffold脚手架 …………………………………………………………………………… 46
　5.4　标题栏的显示 ……………………………………………………………………………… 47

5.5	Container 容器组件	48
5.6	文本 Text 组件	50
5.7	图标 Icon 组件	50
5.8	图片 Image 组件	51
	5.8.1 网络图片的显示	52
	5.8.2 显示本地图片	53
	5.8.3 加载图片过程中,显示进度条信息	54
5.9	Flutter 按钮类型	55
	5.9.1 TextButton 文本按钮	56
	5.9.2 OutlinedButton 强调按钮	56
	5.9.3 ElevatedButton 有阴影的按钮	56
	5.9.4 IconButton 图标按钮	57
	5.9.5 FloatingActionButton 浮动按钮	58

第 6 章 理解 Flutter 组件（▶15min） 60

6.1	无状态组件类 StatelessWidget	61
6.2	有状态组件 StateWidget	62
6.3	有状态组件状态类的生命周期	62
6.4	ToggleButtons 切换按钮	64
6.5	状态类中的生命周期变化	65

第 7 章 Flutter 样式（▶57min） 67

7.1	Text 文本样式修饰	67
7.2	Container 容器修饰类的用法	70
	7.2.1 形状修饰 ShapeDecoration	70
	7.2.2 盒子修饰 BoxDecoration	76
7.3	字体的应用	77
7.4	主题的使用	77
7.5	国际化	78

第 8 章 Flutter 布局（▶58min） 81

8.1	Padding 内边距的用法	81
8.2	Margin 外边距的用法	81
8.3	Align 对齐方式的用法	81
8.4	Center 居中组件的用法	83
8.5	Expanded 扩展组件的使用	84

8.6 Flexible 的使用 ·············· 84
8.7 Flex 的使用 ·············· 84
8.8 Row 行组件的使用 ·············· 85
8.9 Column 列组件的使用 ·············· 88
8.10 Spacer 组件的使用 ·············· 88
8.11 SingleChildScrollView ·············· 88
8.12 屏幕尺寸的获取 ·············· 90
8.13 屏幕的适配 flutter_screenUtil ·············· 90
8.14 布局的基本原则 ·············· 93
8.15 布局中组件视图的使用 ·············· 95

第 9 章 仿银行 App 首页布局实例（▶ 50min） ·············· 97

9.1 第三方插件的使用 ·············· 97
9.2 屏幕设计尺寸 ·············· 98
9.3 标题栏的设计 ·············· 98
9.4 屏幕内容的滚动显示 ·············· 101
9.5 按钮功能实现 ·············· 102
9.6 新闻头条 ·············· 105
9.7 轮播图的显示 ·············· 106
9.8 子标题的实现 ·············· 107
9.9 特色专区 ·············· 108
9.10 手机充值和网点服务 ·············· 109
9.11 品牌专区 ·············· 109

第 10 章 手势识别和对话框（▶ 41min） ·············· 111

10.1 Listener 监听组件 ·············· 111
10.2 MouseRegion 鼠标区域组件 ·············· 112
10.3 GestureDetector 手势识别组件 ·············· 114
10.4 Draggable 和 DragTarget 拖曳组件 ·············· 115
10.5 InkWell 和 InkResponse 响应组件 ·············· 118
10.6 Dialog 对话框的使用 ·············· 119
  10.6.1 Dialog 对话框基本用法 ·············· 119
  10.6.2 AlertDialog ·············· 120
  10.6.3 SimpleDialog ·············· 121
10.7 SnackBar 底部信息提示框 ·············· 123

第 11 章　跳转、路由（▶37min） ·········· 126

11.1　Navigator 类的使用 ·········· 126
11.1.1　页面的跳转和返回 ·········· 126
11.1.2　从一个页面返回数据 ·········· 128
11.1.3　将数据传递到新的页面 ·········· 128
11.2　使用命名路由 ·········· 128
11.3　onGenerateRoute 的用法 ·········· 129
11.4　路由的更高级用法 ·········· 130
11.5　第三方路由导航插件 Fluro ·········· 130

第 12 章　JSON 和 Dio 数据处理（▶17min） ·········· 132

12.1　JSON 数据格式及解析 ·········· 132
12.2　将 JSON 解析为 Dart 对象 ·········· 135
12.3　通过 Dio 请求数据 ·········· 136

第 13 章　表单和验证（▶60min） ·········· 140

13.1　TextFormField 文本框的使用 ·········· 140
13.1.1　文本框的实现 ·········· 141
13.1.2　得到文本框的值 ·········· 144
13.1.3　带有验证功能的表单 ·········· 145
13.2　和服务器端的交互——注册功能的实现 ·········· 147
13.3　表单中的异步处理 ·········· 152
13.4　日期和时间组件 ·········· 153
13.5　下拉列表、复选框、单选按钮 ·········· 155
13.5.1　下拉列表 Dropdown ·········· 155
13.5.2　复选框 CheckBox ·········· 156
13.5.3　单选按钮 Radio ·········· 157
13.6　开关组件 Switch ·········· 158
13.7　Slider 滑块的使用 ·········· 159
13.8　单选或复选组件的使用 ·········· 159

第 14 章　Flutter 高级控件的使用（▶128min） ·········· 163

14.1　Card 卡片组件 ·········· 163
14.2　PageView 组件 ·········· 164
14.3　Stack 组件 ·········· 168

14.4 ListView 组件 ·· 172
    14.4.1 ListView()的使用 ·· 172
    14.4.2 ListView.separated()的使用 ·· 173
    14.4.3 Dismissible 可以滑动删除某一项 ··· 176
14.5 Drawer 抽屉组件 ··· 178
14.6 GridView 网格视图组件 ·· 180
    14.6.1 固定数量平铺的网格视图 ··· 180
    14.6.2 大量网格视图的显示 ·· 182
14.7 TabBar 选项卡式布局 ·· 183
    14.7.1 选项卡在上面的布局 ·· 184
    14.7.2 选项卡在底部的布局 ·· 186
    14.7.3 图片的左右滑动效果 ·· 188
14.8 CustomScrollView 自定义滚动视图 ·· 192
14.9 可滚动组件滚动控制及监听 ·· 197
    14.9.1 滚动控制器 ScrollController ··· 197
    14.9.2 滚动通知和监听 ·· 199

第 15 章 Flutter 动画(▶ 32min) 202

15.1 隐式动画 ·· 202
    15.1.1 AnimatedContainer 对容器的属性进行动画显示 ····························· 203
    15.1.2 TweenAnimationBuilder 的使用 ·· 205
15.2 显式动画 ·· 206
    15.2.1 AlignTransition 显式动画 ·· 207
    15.2.2 AnimatedBuilder 的用法 ·· 208
    15.2.3 显式动画和隐式动画的区别 ··· 209
15.3 组件动画 Hero ··· 209
15.4 TweenSequence 的用法 ··· 211
15.5 页面间跳转实现动画效果 ·· 211
15.6 自定义绘图及动画 ·· 212
    15.6.1 自定义绘图 ·· 212
    15.6.2 实现自定义绘图的动画效果 ··· 214
    15.6.3 动画的视图调试 ·· 217
15.7 第三方动画实现方式 ·· 218

第 16 章 数据存储与访问(▶ 28min) 219

16.1 shared_preferences 插件的使用 ·· 219

16.2 文件读写 …… 221
16.3 SqLite 的使用 …… 222
 16.3.1 SQL 语法及常用的用法 …… 223
 16.3.2 使用第三方插件 sqlflite 创建记事本 …… 224

第 17 章 Flutter 状态管理（▶25min） …… 232

17.1 为什么要使用状态管理 …… 232
17.2 什么是状态 …… 232
17.3 使用 InheritedWidget 实现数据共享 …… 233
17.4 使用 InheritedModel 实现局部刷新 …… 234
17.5 使用 Provider 管理状态 …… 238
 17.5.1 Provider 的基本使用 …… 239
 17.5.2 Provider 读取方式 …… 240
 17.5.3 ChangeNotifierProvider 监听值的变化 …… 241
 17.5.4 通过 FutureProvider 异步加载数据 …… 242
 17.5.5 使用 StreamProvider 得到时间流 …… 244

第 18 章 心情驿站系统框架的搭建（▶51min） …… 245

18.1 系统结构 …… 245
18.2 工程结构图 …… 246
18.3 公共组件 …… 247
18.4 第三方插件 …… 248
18.5 程序的入口类 main.dart …… 249
18.6 跳转到启动页面 …… 251
18.7 网络连接的实现 …… 252
18.8 注册功能的实现 …… 254
18.9 主页面底部选项卡的实现 …… 258
18.10 选项卡文本点滴的实现 …… 261
18.11 选项卡中图片美景的实现 …… 263
18.12 选项卡"我的"的实现 …… 273
 18.12.1 "我的"主程序界面的实现 …… 273
 18.12.2 关于功能的实现 …… 277
 18.12.3 主题的修改 …… 280
 18.12.4 我的收藏功能实现 …… 282
 18.12.5 个人设置功能的实现 …… 284
18.13 修改应用程序图标 …… 292

附录 A 293

A.1 Postman 的使用 293
A.2 后台服务器 JSON 数据 296

参考文献 299

第 1 章 Flutter 框架学习

使用一套代码可以同时运行在安卓和 iOS 移动端上,是很多程序员的梦想。计算机跨平台开发也是目前最受欢迎、应用最广泛的开发方式之一。在计算机前端开发中,流行的跨平台框架有 PhoneGap、Ionic、Sencha、jQuery Mobile 等,它们的风格各有千秋,但都是基于 HTML、CSS 和 JavaScript 技术,创建移动端跨平台应用程序,在网页中调用移动端设备如 iOS、Android 等,而 React NativeUI(用户界面,User Interface)框架通过写 JavaScript 代码配置页面布局,然后 React Native 最终会解析渲染成原生控件,但依赖于客户端渲染。React Native 依赖于其他软件来构建组件,使用 JavaScript 来桥接本地模块的连接。React Native 在最初渲染之前需要花费大量时间来初始化运行,而桥接也会影响性能。

2017 年 5 月,谷歌发布了 Flutter 的第 1 个版本,是最近几年在国内外流行的跨平台应用开发解决方案。Flutter 是谷歌公司开源的 UI 工具包,通过 Dart 语言帮助开发者实现一套代码库高效构建多平台精美应用,实现了在 Android、iOS、Windows、macOS、Linux、Web 及嵌入式设备上运行。Flutter 基于 Skia 系统自己绘制的图形界面,因此,Flutter 才能真正实现跨端应用与开发!从移动设备到桌面系统,在 Flutter 不断的版本更新中,我们也逐渐看到了在传统客户端上 Flutter 的身影,Flutter 一直致力于为实现移动、Web、桌面和嵌入式平台等多端统一,开发一套代码能同时应用在上述的不同平台上。

在全世界,Flutter 正在被越来越多的开发者和组织使用,并且 Flutter 是完全免费、开源的。使用 Flutter 技术开发跨平台应用的世界知名公司如谷歌、易贝、宝马、阿里巴巴、腾讯等公司。国内公司与 Flutter 技术相关招聘也在逐渐增多。据 Statista 和 SlashData 的分析师表示,Flutter 是 2021 年最受欢迎的跨平台 UI 工具之一。

Flutter 相比其他跨平台开发框架,具有以下优势:

(1)混合开发中 Flutter 框架是最接近原生开发的框架。亚秒级热重载技术,可帮助我们快速轻松地进行开发、构建用户界面、添加功能并更快地修复错误。在 iOS 和 Android 的模拟器和硬件上体验亚秒级的重新加载时间,而不会丢失状态。使用一组丰富的完全可定制的组件,在几分钟内就可完成界面构建。所见即所得,实现了快速开发。

(2)富有表现力和灵活的外观,快速推出以本地最终用户体验为重点的功能。分层体系结构允许完全定制,由于接近原生的技术,从而实现复杂场景下,难以置信的快速渲染,不同终端平台上的布局和体验高度一致性,富有表现力且灵活的设计。

(3)性能强大,运行流畅。Flutter组件兼容所有关键的平台差异,如滚动、导航、图标和字体等,Flutter代码使用Dart的本机编译器编译成为本机ARM或x86机器代码。

(4)一套代码,支持跨多种平台,减少了开发成本。

(5)随着每个递增的版本和技术更新,社区对该框架的兴趣和需求逐渐增加,成千上万的开发者为Flutter开源技术贡献自己的力量。大量的开源插件丰富了Flutter的功能,广泛的社区支持促进了Flutter的发展,也节约了开发者和客户进行系统应用开发的成本。

作为初学者,我们需要知道以下常用的学习的Flutter的网站。

1.1 Flutter 官方网址

Flutter官方网址为https://flutter.dev/,如图1-1所示。英语较好的读者可以直接浏览官方网站,获得最新的资料。

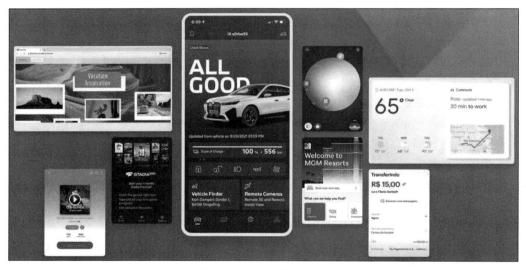

图1-1 Flutter官方网址

单击最上面的Docs(文档)或Get started(开始),就可以开启在线学习Flutter之旅。Showcase则介绍了世界上使用Flutter技术创建出包含iOS和Android版本的精美App、使用的技术细节、可以下载相关的文件等,以欣赏Flutter之美。

打开https://flutter.dev/docs网址,如图1-2所示。在图中,Widget Catalog介绍了组件类别,分门别类地介绍了Flutter的视觉、结构、平台和交互式组件集合,可以帮助我们更快地创建漂亮的应用程序。

图1-2中的API Docs则是开发Flutter过程中常用的网址,主要对Flutter中各个组件和类进行介绍,类似于新华字典,对类中的属性和方法及类本身的用法都有详细的介绍,部

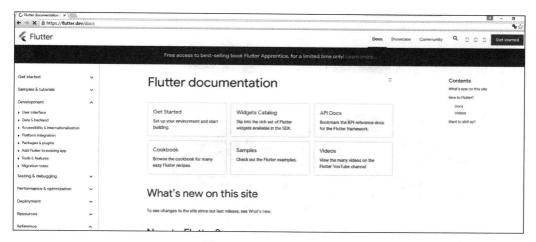

图 1-2　Flutter 文档介绍

分还有示例进行说明，建议收藏，以便在开发中随用随查。

Cookbook 则为示例讲解，演示了在编写 Flutter 应用程序时遇到的常见问题。每个讲解都是独立的，可以作为参考来帮助我们构建应用程序。

Sample 里面有大量的示例源代码，可以进行安装观看演示效果，美观的界面和优秀的源代码片断，在学习的过程中有重要的参考价值，官方的代码具有更大的权威性。

图 1-2 右下角的 Package site 所对应的网址为 https://pub.flutter-io.cn/flutter/packages，是 Dart 编程语言的包管理器网站，包含可重用库。以及 Flutter、AngularDart 和一般 Dart 语言程序包，此外还包含第三方的插件，例如本地存储、信息共享、图片的选择、谷歌字体、地理位置、信息提示框等。引用第三方的插件，不用自己再重复制造轮子，以缩短项目工期，作为 Flutter 开发人员，也是最常访问的网址之一。当然，每个插件的版本变化、内容更新，是否会有其他更新更好的插件出现，也是使用插件过程中要注意的问题。

1.2　Flutter 其他学习网址

https://flutter.cn 为对应的中文网址，由于一些原因，在不能访问外国网站的情况下，也可以访问这个网址。它是 Flutter 官方推荐的中文网站，为国内用户的最佳选择。里面的内容和官方内容类似，一直保持同步更新。

https://space.bilibili.com/64169458/为谷歌公司在 B 站上的网址，介绍了和谷歌公司相关的技术知识，如 Google I/O、谷歌开发者开会演讲、TensorFlow、Android、Google Cloud Next、Flutter 等技术的讲解。其中 Flutter 近百个组件的视频介绍对于初学者来讲会有很大的帮助，如图 1-3 所示。

https://www.fluttericon.com/为官方图标网站，里面包含了大量的免费开源图标供我们使用。好的图标更贴合所处的移动应用程序或网站语境，简单，美观且占用资源相对更少。

图 1-3 谷歌在 B 站上的网址

https://flutter.github.io/samples/#为 Flutter 官方示例源代码网址,在学习的过程中,一定要学习官方的优秀的源代码,可以下载运行以观看效果。

https://material-io.cn/是与 UI 外观设计相关的网址,目的在于更快地构建美观、可用的产品。Material Design(材料设计)由开源代码支持,帮助团队构建高质量的外观界面体验,包含了界面设计向导和相应的源代码等。我们可以从中学习谷歌是如何进行 UI 外观设计的,如颜色的配比、字体及按钮的外观、整体的统一主题等,如图 1-4 所示。

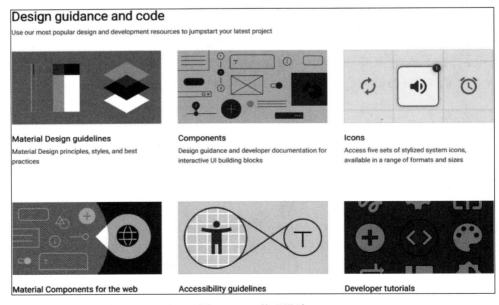

图 1-4 UI 外观设计

1.3 在线运行 Dart 和 Flutter 程序

我们可以在 https://dartpad.dartlang.org 网址上在线运行 Dart 和 Flutter 程序，如图 1-5 所示。

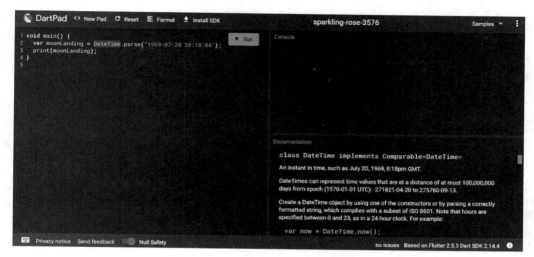

图 1-5 在线运行 Dart 程序

在图 1-5 中，左边编辑窗口默认可以输入 Dart 语言源程序，单击 Run 按钮即可运行。右上角 Console 控制台可显示输出结果，当选择编辑窗口中的类时，右下角则为相关类的文档说明。单击图中的 New Pad 则可以切换到 Flutter 开发环境中，以便在线运行 Flutter 程序。右上角的 Samples 也带有一些示例可供参考。有时在线运行 Flutter 或 Dart 程序也是一种不错的选择，尤其对于初学者而言更加方便。

1.4 常用的学习方法

（1）多看官方技术介绍。
（2）多看、学习官方示例代码。
（3）学会通过官方 API 查询包的信息，学会使用第三方的插件。
（4）学习网上其他人写好的代码。
（5）最重要的是要多加练习，上机练习是最快的学习方法，只有发现实际编程中的"坑"，才能有较深的学习体会。
（6）网络上 Flutter 的相关介绍也比较多，遇到问题时使用百度等进行搜索是最好的解决方式。

本书中的每章都有配套的视频讲解，请结合实际代码、书和视频学习效果会更好。

第 2 章 Flutter 开发环境搭建

本章讲解 Flutter 开发环境的搭建。Flutter 支持多种环境的安装，如：Windows、macOS、Chrome OS 和 Linux 等。这里主要讲解 Windows 环境下的安装和配置。

Windows 系统下的系统配置要求（不推荐 Windows 7 操作系统，在 Windows 7 下运行很慢，另外也会有各种各样的问题）：

(1) 操作系统：Windows 7 SP1 或更高的版本（基于 x86 的 64 位操作系统）。
(2) 磁盘空间：除安装集成开发环境和一些工具之外，至少还应有 1.64 GB 的空间。
(3) 内存：至少 4GB，建议 8GB 或更多。
(4) Windows PowerShell 5.0 或更高版本（Windows 10 中已经预装了）。

Windows 环境下，Flutter 软件的安装主要分为以下几步：

(1) 国内网络环境的配置。
(2) Git 软件的安装。
(3) Java 软件的安装和开发环境的配置。
(4) Flutter 软件的安装。
(5) 集成开发环境的选择和配置。
(6) 手机的调试。
(7) 使用 Flutter Doctor 命令测试运行环境。

相关软件可以通过网上搜索，最好到官方网站下载，这样更安全和防止病毒感染，同时也可以从官方网站上查询这个软件的最新版本和学习指导等相关信息。

在每一步的安装后，一定要进行测试，看一下这一步有没有问题，然后进行下一步。另外每一步环境变量的配置也很重要，一定不要忘记了。每一步都有安装要注意的细节，一定要仔细看一看，不要遗漏。不然作为新手，出现了错误，自己不会处理，在学习的过程中容易丧失信心。

2.1 国内网络环境的配置

在国内的网络环境下，为了能正常升级 Flutter 和获取 Flutter 相关的包，需要设置如下的两个环境变量：PUB_HOSTED_URL 和 FLUTTER_STORAGE_BASE_URL。

在 Windows 桌面环境下，右击"此计算机"→"属性"→"高级系统设置"→"高级"→"环境变量"。单击"新建"按钮，出现图 2-1 所示的窗口，依次输入下面相对应的信息。

```
FLUTTER_STORAGE_BASE_URL = https://storage.flutter-io.cn
PUB_HOSTED_URL = https://pub.flutter-io.cn
```

在变量名中输入 FLUTTER_STORAGE_BASE_URL，在变量值中输入 https://storage.flutter-io.cn。再单击"新建"按钮，变量名输入 PUB_HOSTED_URL，变量值输入 https://pub.flutter-io.cn，这样就设置好了 FLUTTER_STORAGE_BASE_URL 和 PUB_HOSTED_URL 的环境变量。

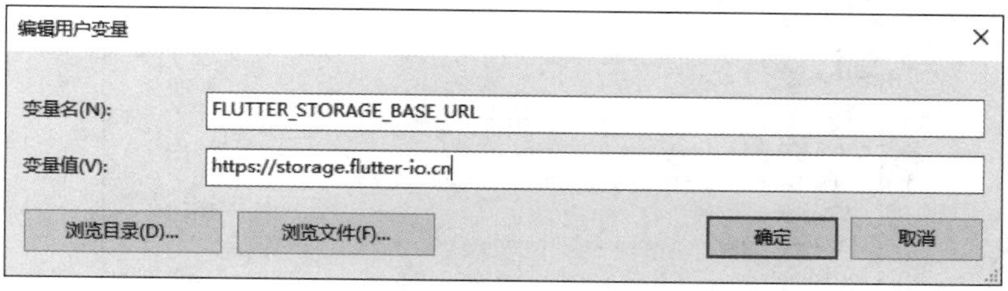

图 2-1　设置 Flutter 环境变量

2.2　Git 软件的安装

Git 软件是一个开源的分布式版本控制系统，在编译 Flutter 软件时会用到。在安装过程中，很容易忽视。下载的网址为 https://git-scm.com/downloads。

打开上面的网址，单击 Windows 版本即可开始下载，下载完成后，双击此安装文件便可开始安装。安装完成后，单击环境变量，编辑 path 路径，将 Git 的安装路径加入 path 中，如没有 path 路径，则在环境变量中新建，如图 2-2 所示。

图 2-2　设置 Git 环境变量

设置完成后，单击桌面左下角"开始"按钮，找到 Windows 系统→命令提示符，进入 DOS 窗口。在 DOS 提示符下，输入 git，进行测试。如果出现很多行提示，则表示配置成功。如果出现不是内部或外部命令，也不是可运行的程序或批处理文件提示，则可能是环境变量没有配置好，应重新配置。

2.3 Java 软件的安装和开发环境的配置

首先要下载 JDK(Java 语言开发包),网址为 https://www.oracle.com/Java/technologies/Javase/Javase-jdk8-downloads.html。

在第一次下载时,还要进行注册及登录。注意下载时,要选择 Windows x64 版本。

下载完成后,双击进行安装,单击"下一步"按钮直到完成。在安装完成后,同样要进行环境配置。

第一步,将 Java 的安装路径添加到 path 中,如图 2-3 所示。如果默认安装,则大概位置是 C:\Program Files\Java\jdk1.8.0_291\bin。

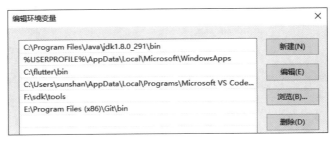

图 2-3 设置 Java 环境变量

第二步,设置 JAVA_HOME。注意变量名全部大写,并且中间有一个下画线,如图 2-4 所示。

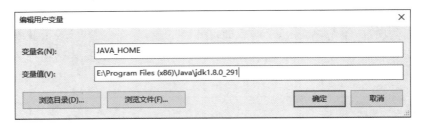

图 2-4 设置 JAVA_HOME 环境变量

设置完成后,在 DOS 提示符下,输入 java -version 命令,如图 2-5 所示。

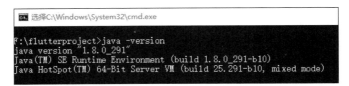

图 2-5 运行 Java 命令

如果出现以上信息,则表示 Java 环境已经配置好了。

2.4　Flutter 软件的安装和开发环境的配置

首先,从 https://flutter.dev/docs/development/tools/sdk/releases 网址中下载 Flutter 软件。

注意,要选择 Windows 版本。下载后,将压缩包解压,然后把其中的 flutter 目录整个放在想放置 Flutter SDK 的路径中(例如 C:\flutter)。

其次,将 Flutter 安装路径配置到环境变量 path 中(例如 C:\flutter\bin),如图 2-6 所示。

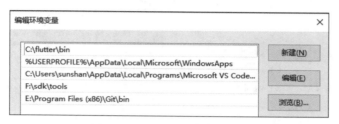

图 2-6　设置 Flutter 环境变量

最后,在 DOS 提示符下,输入 where flutter dart 命令,测试 Flutter 路径是否正确,如图 2-7 所示。

图 2-7　测试 Flutter 环境设置

恭喜你,胜利的曙光就在眼前。下面就要进行集成开发环境的选择了,马上就可以运行 Flutter 程序了。

2.5　集成开发环境的安装和开发环境的配置

我们使用 Visual Studio Code(VS Code)来开发 Flutter 程序。由于 Android 开发包和调试原生程序的需要,首先需要下载和配置好 Android Studio,然后下载和配置 VS Code。

2.5.1　Android Studio 的下载和安装

Android Studio 是用于开发 Android 应用的官方集成开发环境(IDE),以 IntelliJ IDEA 为基础构建而成。它具有基于 Gradle 的灵活构建系统、大量的测试工具和框架、快速且功能丰富的模拟器、支持 C++ 和 NDK 等优点。下载的网址为 https://developer.android.google.cn/studio。

单击上面网址中的绿色图标或选择下面的 Windows(64-bit) 版本进行下载。下载完成后，双击可安装文件即可开始安装，Android Studio 第一次启动时的画面类似于图 2-8 所示。

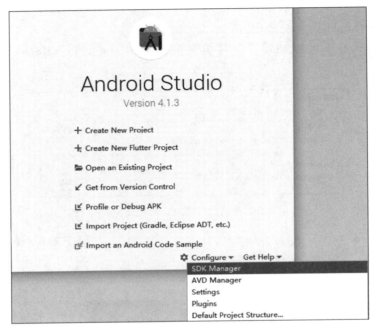

图 2-8　Android Studio 启动画面

在图 2-8 中，打开右下角 Configure 下拉菜单，可以看到以下几项。其中 SDK Manager 表示对 Android 软件开发包的管理，AVD Manager 表示可以进行虚拟机的管理，如虚拟机的创建、启动和删除等，Settings 表示对系统环境的设置，Plugins 表示插件的管理。

单击 SDK Manager 选项，即可开始 Android 软件开发包的下载和管理，如果 Android Studio 已启动，则在主菜单中选择 Tools→SDK Manager。这时会出现如图 2-9 所示的界面，这个界面启动稍慢，请耐心等待。

SDK Platforms 选择最新的几个版本，SDK Tools 复选框勾选如图 2-9 所示，其他的项可选。这一点一定要注意，不然以后在运行程序时会出现各种各样的相关问题。

勾选项的内容如下：

(1) Android SDK Build-Tools。

(2) Android SDK Command-line Tools。

(3) Android Emulator。

(4) Android SDK Platform-Tools。

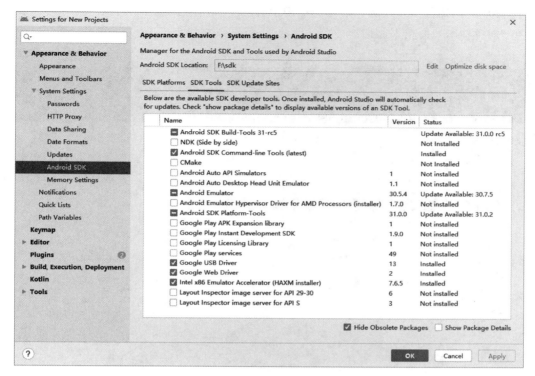

图 2-9　Android SDK 的安装

（5）Google USB Driver。

（6）Google Web Driver。

（7）Intel x86 Emulator Accelerator。

安装完成后，在 Android Studio 菜单中单击 Tools→AVD Manager，进行 Android 虚拟机的安装和配置，如图 2-10 所示。

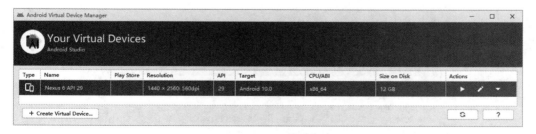

图 2-10　Android 虚拟机的管理

图 2-10 中已经创建了一个虚拟机。单击"修改"按钮，可以查看、修改虚拟机里面的网络的配置、内存的大小、存储卡的大小等配置信息。要想创建一个新的虚拟机，可单击图 2-10 左下角 Create Virtual Device 按钮，对虚拟机镜像文件进行下载，如图 2-11 所示。

由于国内的网络环境,最好不要选择图中 Target 带有 Google APIs 的项,不然在编译时会出现各种未知的错误。选择一个其他的,进行下载并安装。

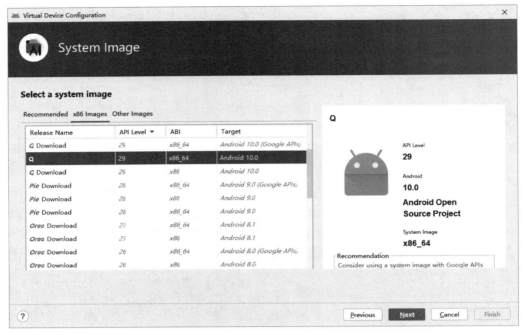

图 2-11　Android 虚拟机的管理

Android Studio 和虚拟机软件下载并安装完成后,有 3 个环境变量需要设置:ANDROID_AVD_HOME、ANDROID_HOME 和 ANDROID_SDK_HOME。第 1 个是 Android 虚拟机的安装位置,后面两个是 Android 开发包所在的位置。注意变量名全部是大写字母,如图 2-12 所示。

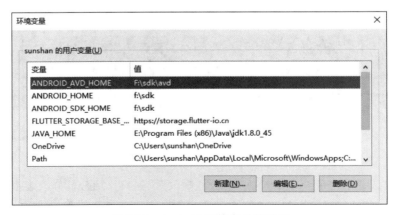

图 2-12　Android 环境变量的设置

最后一步是 VS Code 的安装,安装成功后,就可以使用 VS Code 开发 Flutter 程序了,是不是心中有点小激动?

2.5.2 VS Code 的下载和安装

Visual Studio Code(以下统一简称为 VS Code)是微软公司开发,针对编写现代 Web 和云应用的跨平台源代码编辑器,可运行于 Windows、macOS 和 Linux 平台之上。具有占用内存小和运行速度快等优点,是 Flutter 官方推荐的集成开发工具。

下载网址为 https://code.visualstudio.com/Download。选择 64 位 Windows 版本进行下载。下载完成后,将 Microsoft VS Code\bin 的安装路径加入 path 环境变量中。完成后,启动 VS Code。

在图 2-13 中,单击左边的 EXTENSIONS 图标,在搜索框中输入 Flutter,进行 Flutter 和 Dart 插件的安装。

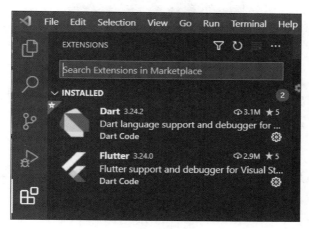

图 2-13 Flutter 插件的安装

插件安装完成后,就可以在 VS Code 中进行 Flutter 程序开发了。如果想在真机上运行程序和进行调试,则需要在手机上进行设置。

2.6 手机设备的配置

实现步骤如下:

第一步,手机通过数据线连接到计算机。

第二步,在手机中,单击"设置"→"其他设置",如图 2-14 所示,单击"开发者选项"。进入开发者选项的方式,不同的手机可能有少许的不同,需要注意区别。

单击"USB 调试",在"要开启 USB 调试吗"对话框中,单击"开启"按钮,手机最上面有一行黄色的提示,这时就可以通过手机进行 Flutter 程序的开发了。

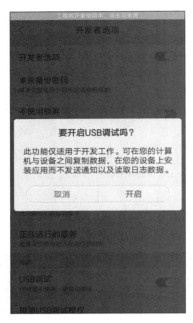

图 2-14　手机开发环境的设置

现在全部软件已经安装完成了,环境变量也已设置好了,下面通过命令测试一下有没有问题。

2.7　使用 Flutter Doctor 命令测试运行环境

在 VS Code 终端或 DOS 命令提示符下,输入命令 flutter doctor,如图 2-15 所示。

```
PS F:\flutterproject\renthouse> flutter doctor
Doctor summary (to see all details, run flutter doctor -v):
[√] Flutter (Channel stable, 2.2.2, on Microsoft Windows [Version 10.0.17134.2145], locale zh-CN)
[√] Android toolchain - develop for Android devices (Android SDK version 30.0.3)
[√] Chrome - develop for the web
[√] Android Studio (version 4.1.0)
[√] IntelliJ IDEA Ultimate Edition (version 2017.2)
[√] VS Code (version 1.57.1)
[√] Connected device (3 available)
```

图 2-15　使用 flutter doctor 测试运行环境

图 2-15 中,每行表示的含义如下。

(1) Flutter:Flutter 软件安装的版本号。

(2) Android toolchain:Android SDK 软件的版本号。

(3) Chrome:浏览器的类型。

(4) Android Studio:Android Studio 的版本号。

（5）IntelliJ IDEA Ultimate Edition：IntelliJ IDEA 软件的版本号。

（6）VS Code：VS Code 软件的版本号。

（7）Connected device：可利用终端设备的连接数。

如果出现图 2-15 所示的结果，则表示整个软件安装和环境设置已经成功。如果出现了问题，则应依次看一下，是哪一项出现了问题。

第 3 章将具体讲解如何通过 VS Code 和手机进行 Flutter 软件的开发。

第 3 章 Flutter 运行环境介绍

本章主要介绍 VS Code 开发界面、第 1 个程序的含义、开发过程中常用快捷键的使用、热加载、Flutter 程序相关的命令、程序的调试等。

3.1 界面的介绍

当单击桌面图标时,即可开始运行 VS Code 软件,如图 3-1 所示。

图 3-1　VS Code 桌面图标

启动后的界面如图 3-2 所示,主要包括最上面的菜单栏和最下面的状态栏及图中间的四个区域。

最左边标记为 A 的区域为侧边区,包含不同的视图,以便在处理项目时提供帮助。有资源管理器、搜索、源代码管理、运行和调试、插件的安装、测试和 Flutter 框架程序结构图。侧边区左下角为账户和管理功能。当鼠标悬浮到对应的图标时有相应的提示。

单击侧边区的资源管理器,可以展开或收缩右边的工程结构区域,从中可以看到项目工程结构(标记为 B 的区域)。

如图 3-3 所示,其中 lib 为 Flutter 框架 Dart 语言源代码所在区域,android 为生成安卓源代码的位置,ios 里面存放 ios 工程的所有内容,web 为和网页有关的源代码。pubspec.yaml 文件为工程配置文件,包含第三方插件的引入和标记本地资源(如音频、视频、图片、字体、JSON 文件等)的位置等。

中间最大的区域(标记为 C 的区域)为编辑区域,编辑主要的功能为编写 Dart 源文件。可以打开任意数量的编辑器,也可以并排垂直或水平排列多个窗口。

在编辑器区域下方显示了不同的选项卡面板(标记为 D 的区域),可以显示输出、调试、错误或警告信息。在终端中,可以执行 DOS 命令,如查看 Flutter 运行环境、创建工程等。调试控制台用于显示程序运行时的各种输出信息,帮助我们观察程序运行时的状态。面板也可以左右移动,以获得更多的空间。

状态栏为项目和文件的提示信息,如鼠标的位置、是否有错误或警告信息等。在状态栏右边位置,包含 Dart DevTools(Dart 开发工具)、Flutter 版本信息,单击如箭头所示的位置可以启动安卓虚拟机,如图 3-4 所示。

第3章 Flutter运行环境介绍

图 3-2 VS Code 启动界面

图 3-3 Flutter 工程结构图

图 3-4 状态栏信息

3.2 创建 Flutter 工程

在 DOS 提示符下，或单击 VS Code 菜单"终端"→"新终端"，可以在 G 盘下新创建一个文件夹，如 flutterdemo，并在文件夹中通过命令创建 Flutter 工程 myflutter，如图 3-5 所示。图中表示的含义依次如下。

（1）md flutter：通过 md 命令创建了一个文件夹 flutterdemo。

（2）cd flutter：通过 cd 命令进入了 flutterdemo 文件夹。

（3）flutter create myflutter：通过 flutter create myflutter 命令创建了一个名为 myflutter 的 Flutter 工程。

（4）cd myflutter：通过命令进入 myflutter 工程中。

（5）flutter run：运行 flutter 程序。

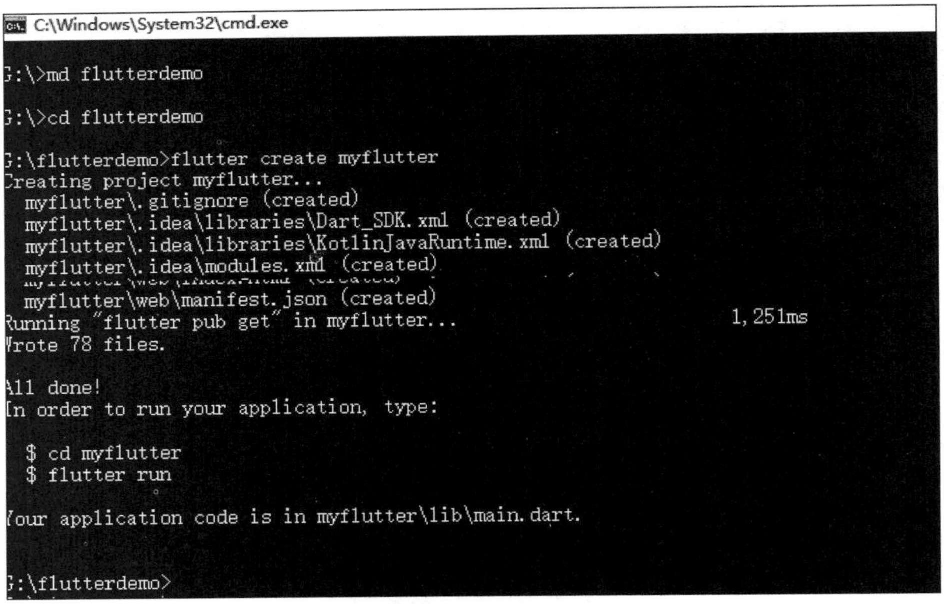

图 3-5 创建 Flutter 工程

在 VS Code 中，通过"文件"菜单中的"文件夹"，找到工程所在的位置（书中的位置为 G:\flutterdemo\myflutter），单击"选择文件夹"，即可在 VS Code 中打开 Flutter 工程。其中文件夹的名称为工程的名称，如图 3-6 所示。

打开的窗口界面如图 3-7 所示。在左边的侧边栏资源管理器中找到 lib 文件夹中的 main.dart 文件，双击此文件便可打开，在中间的编辑窗口会显示 main.dart 的源文件内容。

在中间的编辑窗口，删除所有的内容，输入的内容如下：

图 3-6　打开 Flutter 工程

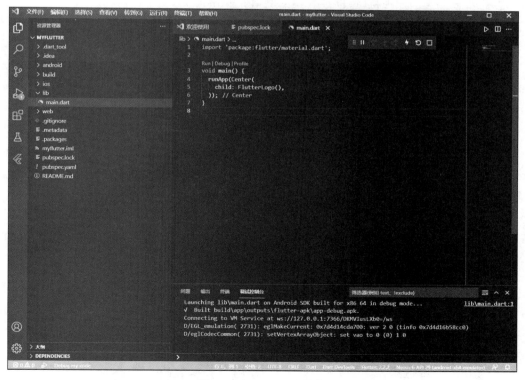

图 3-7　Flutter 工程结构

```
//第 3 章 3.1 FlutterLogo 图片的显示
import 'package:flutter/material.dart';        //----------------- 第 1 行

void main() {                                   //----------------- 第 2 行
  runApp(Center(                                //----------------- 第 3 行
    child: FlutterLogo(),                       //----------------- 第 4 行
  ));
}
```

程序代码的含义如下：

第 1 行表示导入 flutter material.dart 包。material.dart 用于实现 Material Design 设计。

第 2 行表示程序的入口点 main，void 表示没有返回值。

第 3 行 runApp 表示将内容显示在屏幕上，Center 表示居中显示。

第 4 行表示 Center 的子属性 child 中包含 FlutterLogo()，FlutterLogo 是系统自带的图形。

最后括号也要成对地匹配。整个程序的含义表示在屏幕的中央显示一个 FlutterLogo 图形。如果侧边栏目中 test 文件夹有错误，则实际上是测试原来的内容，所以这里删除 test 文件夹。在最下边状态栏中，单击 no device 项，窗口上方会出现如图 3-8 所示可以运行 Flutter 的环境，选择已安装的虚拟机（这里是 Nexus 6 API 29 mobile），就可以启动虚拟机了。

虚拟机启动后，在 VS Code 菜单中，单击"运行"→"启动调试"，就可以在虚拟机中安装 Flutter 程序了，最后显示的内容如图 3-9 所示，在屏幕的中央显示一幅图形。

图 3-8　启动 Android 虚拟机

图 3-9　在屏幕的中央显示 FlutterLogo 图形

在 VS Code 编辑窗口右上角有浮动工具栏，如图 3-10 所示，图中闪电图标为热加载（Hot Reload）图标，Flutter 的热重载功能可以帮助我们在无须重新启动应用的情况下快速、轻松地进行测试、构建用户界面、添加功能及修复错误。当我们修改界面的内容时，可以在虚拟机上同步看到效果。当把鼠标放到图中的图标上时，会有相应的功能提示。

图 3-10　VS Code 中的浮动工具栏

浮动工具栏上从右到左依次为冷重启（方框图标）、热重启（刷新图标）和热加载（闪电图标），如图 3-10 所示。

热加载主要用于虚拟机和组件树中组件的改变，以及保存应用的状态，而全局变量的初始化、静态变量的初始化、main 方法中的代码变化等则需要用热重启技术。冷重启费时更长，因为它要将代码重新编译成安卓、iOS 代码，在页面应用上，也需要重新开启 Dart 开发编译器。

恭喜你，现在已开启 Flutter 程序之旅了。

3.3　VS Code 中 Flutter 编辑技巧

3.3.1　组件提示功能

在 VS Code 主窗口中，当鼠标浮动在组件名称上方时，会有相应的提示，即提示这个组件有哪些属性及用法说明，如图 3-11 所示。可知 FlutterLogo 有 size 属性（也可以通过 Flutter api 文档查看 FlutterLogo 属性、方法和如何使用等信息），这里 size 表示可以设置图形的大小。另外也可以通过 textColor 设置文本颜色，通过 style 设置风格，通过 curve 设置显示的动画风格，如提示中的 fastOutSlowIn 表示快出慢进。

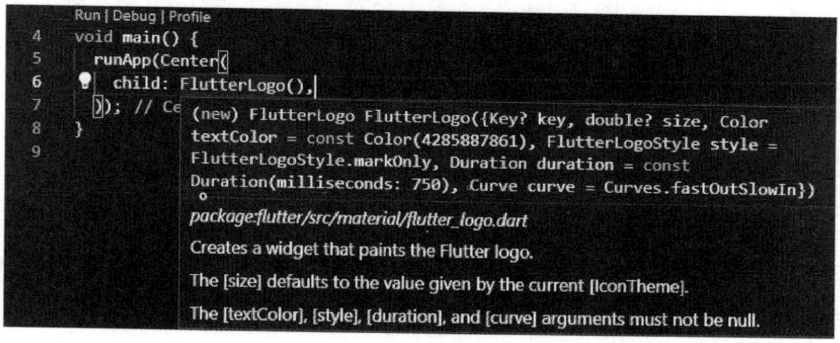

图 3-11　Flutter 组件说明

根据上面的提示，我们可以将图 3-9 显示的图形加上 size 属性，并将大小赋值为 96，如下面代码的第 4 行所示。

```
//第 3 章 3.2 FlutterLogo 更大尺寸图片的显示
import 'package:flutter/material.dart';        //----------------- 第1行

void main() {                                   //----------------- 第2行
  runApp(Center(                                //----------------- 第3行
    child: FlutterLogo(size:96),                //----------------- 第4行
  ));
}
```

保存后,由于自动使用了热加载技术,所以图 3-9 虚拟机屏幕中的图形将会自动变大。

3.3.2 在 Flutter 工程中插入和提取组件

当在 VS Code 编辑窗口中单击组件名称时,在左边会出现一个黄色的灯泡图标,如图 3-12 所示。单击灯泡图标,弹出的菜单分别表示的含义如下。

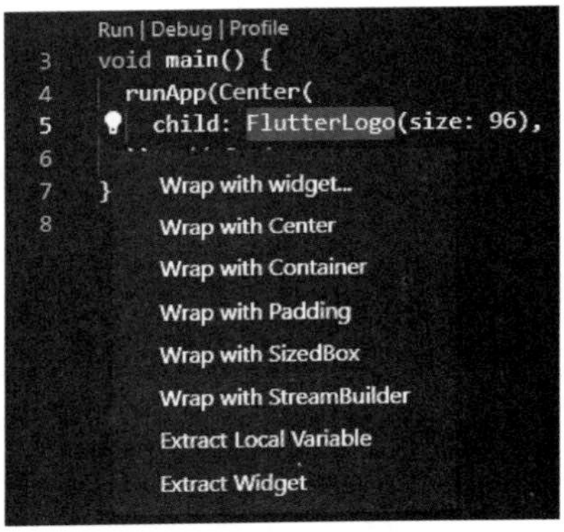

图 3-12 对组件的封装和提取

(1) Wrap with widget:在外边再包裹一个组件,单击后,可以更改为自己想要的名称。
(2) Wrap with Center:在外边包裹一个居中组件,使里面的组件居中显示。
(3) extract Local Variable:扩展成一个本地变量。
(4) extract Widget:扩展成一个独立组件,便于以后可以重复使用这段代码。

3.3.3 自动导入包

当添加新的组件时,如果没有导入相应的包,则会有错误提示。这时,可将鼠标浮于组件上方,单击快速修复,选择 import 'package:flutter/material.dart';,则可以自动导入相应的包,如图 3-13 所示。

3.3.4 快捷键的使用

在 VS Code 编辑器中,如输入 stl,则表示可以自动生成无状态组件,st 表示自动生成有

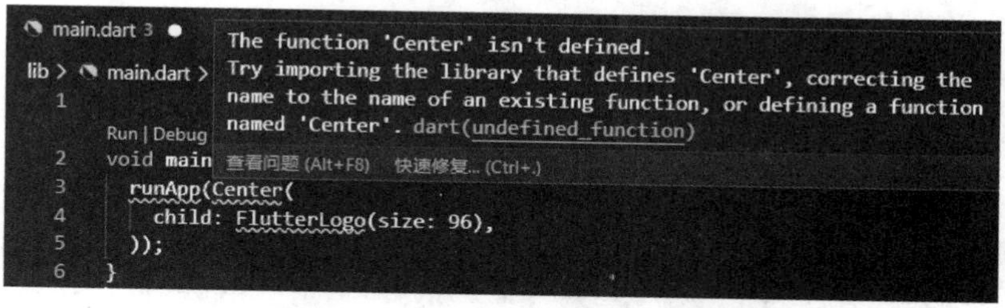

图 3-13　自动导入 Flutter 库文件

状态组件。输入 staim 则可以自动生成一个带有动画的有状态组件，如图 3-14 所示。这样可以省略敲很多代码，自动生成的代码格式也比较工整。

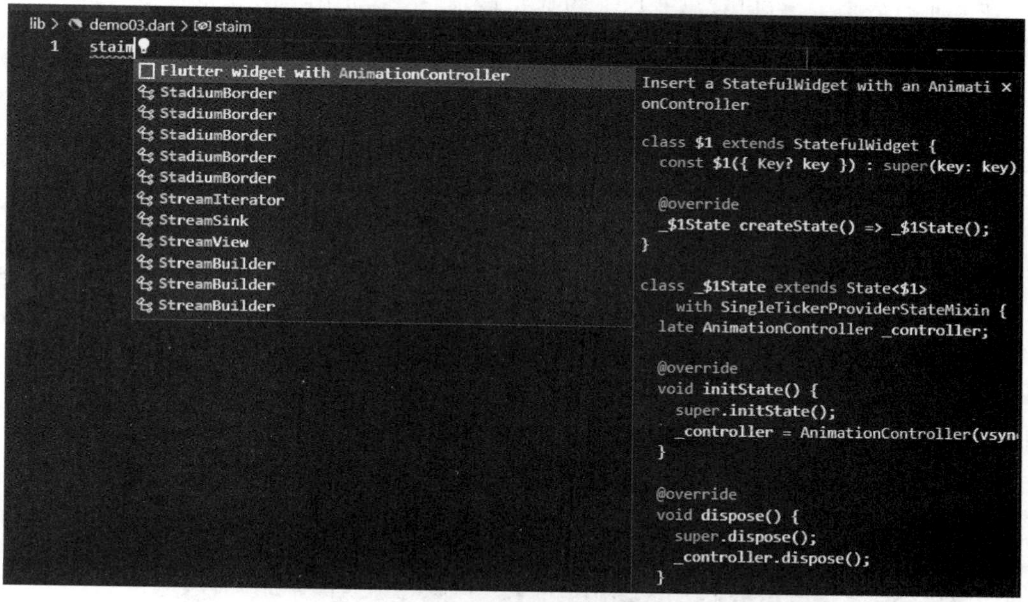

图 3-14　使用快捷方式生成带动画的有状态组件

常用的快捷键有很多，如 Ctrl＋/表示注释这一行，Ctrl＋F5 表示热重启。用户可以根据自己的喜好进行选择。

3.4　Flutter 项目的分析与调试

3.4.1　Flutter 项目分析

可以使用 flutter analyze 命令对整个 Flutter 工程项目的 Dart 代码进行分析，例如可以发现如下问题，如多余的导入类、变量使用的不规范、过期属性的使用、调用类中出现了问题等。使用方式为在工程的命令行中输入命令 flutter analyze，结果如下：

```
PS C:\flutterproject\moodinn> flutter analyze
Analyzing moodinn...
info - The value of the field '_favoritesDB' isn't used -
        lib\screens\me\favorites.dart:17:15 - unused_field
info - 'accentColor' is deprecated and shouldn't be used. Use
        colorScheme.secondary instead. For more information, consult the migrationguide at
https://flutter.dev/docs/release/breaking - changes/theme - data - accent - properties #
migration - guide. This feature was deprecated after v2.3.0 - 0.1.pre. -
        lib\screens\home.dart:81:40 - deprecated_member_use
info - Unused import: 'package:moodinn/db/db_helper.dart' -
        lib\screens\me\favorites.dart:2:8 - unused_import
```

在上面的结果中,可以看出有以下的提示信息,'_favoritesDB'变量定义后,没有被使用,使用了过期的'accentColor'属性,db_helper.dart导入了,但是没有被使用。我们可以根据提示信息进行相应修改。

3.4.2 程序的调试

最常用的调试方式为在开发过程中加入print()语句,对变量的值进行输出,通过对输出结果的判断来分析程序中的问题,但是使用后,一定要注释或删除这条语句,以免影响程序的性能。也可以使用deBugPrint语句将消息打印到控制台,使用Flutter工具的"日志"命令(flutter logs)访问该消息,以避免在Android上的调试数据丢失。

另外的方式为在程序中加入断点,通过对程序的调试来发现问题,如图3-15所示。

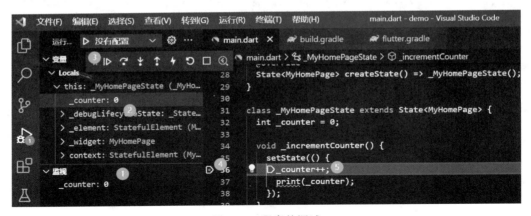

图 3-15 程序的调试

图 3-15 中,序号分别表示的含义如下:

(1) 表示在程序的调试过程中,观察指定变量的值的变化情况。
(2) 表示在程序的调试过程中,观察本地变量的值的变化情况。
(3) 表示可以使用单步调试的方式观察程序的执行情况,工具栏中的 ▌▌ 分别表示为程序的暂停(继续)、单步跳过、单步跳入和单步跳出。

(4)表示在程序中加入的断点。

(5)表示程序断点处的程序片断。

3.4.3 断言表达式

可以在开发调试环境(Debug)下加入 assert 断言语句,它使用布尔条件进行测试。如果条件不满足,则将显示断言错误,当条件满足时继续执行。assert 断言语句只能在开发模式下使用,而在生产发布环境(release)下将被忽略。

在以下的程序中,由于字符串不相等为假,所以程序执行时将会出现断言错误,如图 3-16 所示。

```
void main() {
  String name = "Jack";
  assert(name != "Jack", "如果字符串不相等,则显示此消息!");
}
```

图 3-16 程序运行中的断言错误

第4章 Dart 语言介绍

Flutter 框架使用 Dart 语言构建完美跨平台应用。Dart 语言是由谷歌公司开发的开源、可扩展的网络编程语言,于 2011 年 10 月发布。旨在帮助开发人员构建现代的 Web 和移动应用程序。涵盖了客户机、服务器和现在的 Flutter 移动设备。

Dart 语言灵活的编译器技术允许我们以不同的方式运行 Dart 代码,取决于具体的目标平台。

(1) Dart Native:对于目标设备(移动设备、桌面设备、服务器等)的程序,Dart Native 包括一个带 JIT(Just-In-Time,实时编译)的 Dart 虚拟机和一个用于生成机器代码的 AOT (Ahead-Of-Time,预先编译)编译器。

(2) Dart Web:对于面向 Web 的程序,Dart Web 包括开发时编译器(dartdevc)和生产时编译器(dart2js)。

Dart 语言类似于 C++、Java 或 C♯语言,也是面向对象语言。类中定义了属性和方法,通过类中的构造方法创建实例,所有的对象都是类的实例。类似于 Java 语言"一切皆对象",Object 类是除了 null 以外的一切类的基类。程序中指定数据类型使程序合理地分配内存空间,并帮助编译器进行语法检查。类似于 JavaScript 语言,Dart 语言不用必须指定变量的数据类型。Dart 语言程序的入口点为 main()函数。Dart 没有 public、protected 和 private 的概念,私有特性通过变量或函数加上下画线来表示。Dart 使用 Future、anync、await 等处理异步操作,并通过 try、catch 等关键字捕获异常。

Dart 语言相关网址如下:

(1) https://github.com/dart-lang 为 Dart 仓库所在地,包括 SDK(软件开发包)、语言、测试、在线编辑工具、用 Dart 编写的系统包 build 等。

(2) https://www.dartlang.org/Dart 语言的官方网址。

(3) https://dartpad.dartlang.org/Dart 语言在线编辑器,可以在线运行 Dart 语言。

(4) https://api.dart.dev/stable/2.13.4/index.html Dart 语言 API 文档,介绍了 Dart 语言中类及其属性和方法的用法。

(5) https://dart.dev/samples 包含官方示例源代码和 Dart 语言教程等。

本章主要介绍 Dart 语言常用的知识点,便于我们在后面学习 Flutter 的过程中使用。学过其他语言的读者可以比较一下与其他面向对象编程语言的异同。注意,本章主要面向那些已学过其他编程语言,但对 Dart 语言不熟悉的读者,并不适合于从来没有编程经验的读者。

4.1 在 VS Code 中运行 Dart 语言

通过以下步骤,可以在 VS Code 中运行 Dart 语言:

(1) 在 VS Code 中增加 Dart 插件。在侧边栏中,选择扩展,在应用商店中搜索到 Dart 后添加即可,如图 4-1 所示。

图 4-1　添加 Dart 插件

(2) 通过 Dart 命令创建工程。通过 Windows 下的 PowerShell 命令进入命令行窗口或 VS Code 下的终端,在提示符下输入以下命令,表示创建了一个名为 dartdemo 的 Dart 工程。

```
dart create dartdemo
```

(3) 在 VS Code 中,通过文件→打开文件夹,找到工程所在的位置,打开 Dart 工程,如图 4-2 所示。图中的资源管理器会显示工程结构,Dart 源代码存放在 bin 文件夹中。

图 4-2　VS Code 中的 Dart 工程

（4）单击菜单中的运行按钮，可以运行 Dart 工程。如果不能运行，则可通过菜单命令运行→添加配置，增加 Dart 运行配置项，如图 4-3 所示。

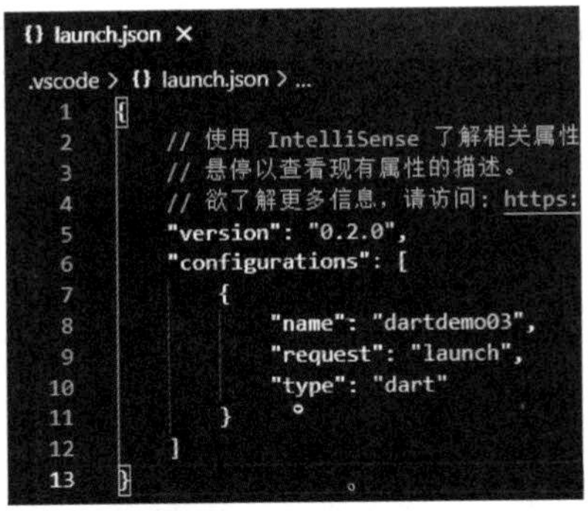

图 4-3　Dart 配置文件

4.2　Dart 语言基础知识

这里主要介绍 Dart 语言常用的知识点，如 Dart 语言的基本知识、日期的使用、集合框架、面向对象编程、异步处理等知识点。

4.2.1　日期和时间类的用法

日期和时间类也是开发中常用的类。可以通过 DateTime 类得到当前的日期和时间，可以将字符串转换为日期时间类型，可以得到当前的年、月、日、时、分、秒等，代码如下：

```dart
//第 4 章 4.1 日期和时间类的用法
void main() {
  //得到当前的日期时间
  var now = DateTime.now();
  //输出当前的日期时间
  print('现在是 ${now.year}年 ${now.month}月 ${now.day}日 ${now.hour}点');
  //将字符串转换为日期时间类型，注意字符串要对应日期时间的格式
  var birthday = DateTime.parse("2021-09-15 01:18:01");
  //日期时间之间的比较
  Duration difference = now.difference(birthday);
  //日期时间实例之间相差的天数
  print('相差的天数为 ${difference.inDays}');
  //构建 DateTime 日期时间实例
  var beijingTime = DateTime.utc(2022, DateTime.january, 9);
  //判断是否是周日
  print(beijingTime.weekday == DateTime.sunday);
```

```
}
```

输出结果如下：
现在是 2022 年 2 月 2 日 9 点
相差的天数为 140
true

在上述代码中的 DateTime.sunday 中的 sunday 是一个常量。在 Dart 语言中，星期天、一月和每月的第一天常量值都是 1，后面的则以此类推，如周一常量值为 2，二月的常量值也为 2。

也可以在 Flutter 框架的 Material 包中使用 TimeOfDay 类得到当前的时间。TimeOfDay 表示一天中某个时间的值，与该天的日期或时区无关。时间由小时和分钟对表示。一旦创建，两个值都不能更改。可以使用同时需要小时和分钟的构造函数或使用 DateTime 对象创建 TimeOfDay。小时是在 0 到 23 之间指定的，就像在 24h 时钟中一样。

```
//得到当前时间
TimeOfDay now = TimeOfDay.now();
//下午 3:00pm
const TimeOfDay releaseTime = TimeOfDay(hour: 15, minute: 0);
//下午 4:30pm
TimeOfDay roomBooked = TimeOfDay.fromDateTime(DateTime.parse('2018-10-20 16:30:04Z'));
```

4.2.2　符号!、? 和?? 的用法

空安全在 Dart 版本 2.12 和 Flutter 版本 2 后可用，其中"!"表示这个变量不可以为空，"?"表示这个变量可以为空。空安全的好处是 Dart 语言可以生成更少的二进制代码和更快地执行。"??"则表示这个变量可以有默认值。

在下面的 getLength() 函数中，由于 str 可以为空，所以需要判断，否则会抛出异常，代码如下：

```
//第 4 章 4.2 自定义求字符串的长度
int getLength(String? str) {
  if (str == null) {
    return 0;
  } else {
    return str.length;
  }
}

void main() {
```

```
  //String abc = 'going home';
  String? abc;
  print(getLength(abc));
print(abc ?? 'default');
}
输出为
0
Default
```

4.2.3　final 和 const 使用区别

const 类型的值必须在编译时知道,初始化后无法更改,final 类型的值在编译期没有要求,但在运行时必须知道,初始化后无法更改,代码如下:

```
const address = 'bei jing';           //正确,得到一个字符串类型的常量
const error = DateTime.now();         //错误,需要在编译时将值分配给 const 变量
final now = DateTime.now();           //正确
```

4.2.4　dynamic 和 var 的区别

dynamic 和 var 都可以给变量动态赋值,但是 var 只能接收同一种类型的值,而 dynamic 可以赋值为不同的类型。下例中的 a 第一次被赋值为整型,所以以后只能接收整型的值,而 dynamic 则可以动态地赋值为不同的类型的值。如下例代码,第一次为整型的数 4,第二次为字符串类型 'right',代码如下:

```
//第 4 章 4.3 dynamic 和 var 的使用区别
void main() {
  var a = 1;
  a = 2;
  //a = 'abc';                        //错误,不能再赋值给其他类型
  dynamic b = 3;
  b = 4;
  b = 'right';
}
```

4.2.5　late 的用法

late 的作用为延迟初始化变量,显式声明一个非空的变量,但不初始化,加上 late 关键字可以通过静态检查,但由此也会带来运行时风险。在下面的例子中,可以观察有无 late 的区别,加上 late 关键字后,getName 将会延迟执行,'……'将会在 begin 后面输出,代码如下:

```dart
//第4章 4.4 late 的用法
void main(List<String> arguments) {
  User user = User();
  print('begin!');
  print(user.name);
}

class User {
  late String name = getName();
}

String getName() {
  print('……');
  return 'abc';
}
输出为
begin!
……
abc
```

4.2.6　List 初始化、添加元素、取值

在 Dart 语言中，常用的可迭代的集合框架有 List、Set 和 Map 类型。它们主要实现的功能为初始化、添加元素、迭代循环输出、得到集合的长度、根据下标得到集合中的元素等。List 根据下标取值，Set 包含的值不能重复。List 和 Set 是迭代器 Iterable 类的子类。Map 通过键-值对存储数值。

下面的代码示例显示了 List 集合的基本用法。

```dart
//第4章 4.5 List 集合的基本用法
main(){
  List<int> myList = [];              //集合的初始化，[]等价于 List.empty();
  myList.add(1);                      //添加元素
  print(myList[0]);                   //根据下标得到 List 下标为 0 的元素
}
输出结果为
1
```

4.2.7　...的用法

"..."表示集合的累加，list2 中原有元素只有一个 0，通过"..."将 list 中的所有元素添加到 list2 中，最后 list2 中的元素增长为[0,1,2,3]，代码如下：

```
//第 4 章 4.6 集合的累加
void main() {
  var list = [1, 2, 3];
  var list2 = [0, ...list];
  print(list2);
}
输出结果为
[0, 1, 2, 3]
```

4.2.8　List 循环输出、匿名函数、箭头函数

List 实现了 3 种迭代方式，可以循环得到 List 中的每个值。在实际开发中，可以根据需要选择这 3 种中的一种，代码如下：

```
//第 4 章 4.7 实现 List 集合框架的循环输出
import 'dart:io';

main() {
  //产生长度为 5 的数组,每一项的默认值为 0
  var myList = List<int>.filled(5, 0);
  myList[0] = 100;
  myList[1] = 200;
  myList[2] = 300;
//第 1 种方式,通过 for 循环输出
  for (int element in myList) {
    stdout.write('$element ');
  }
  print('one');
//第 2 种方式,通过 forEach 输出,=>表示箭头函数
//由于只有一条语句,此处用箭头函数表示
  myList.forEach((v) => stdout.write('$v '));
  print('two');
//第 3 种方式,这个也是最传统的循环输出方式
  for (int i = 0; i < myList.length; i++) {
    //print(myList[i]);
    stdout.write('${myList[i]} ');
  }
  print('three');
}
输出结果为
100 200 300 0 0 one
100 200 300 0 0 two
100 200 300 0 0 three
```

此处 stdout.write 表示不换行输出，其中代码段中第 2 种方式为匿名函数，在 C++中也

叫作 lambda 表达式。上面的示例使用非类型化参数 v 定义匿名函数。为列表中的每一项调用的函数将依次打印一个字符串，其中包含指定索引处的值。因为只有一行语句，所以使用了=>，即箭头函数。

4.2.9 List.generate 的用法

List.generate 表示自动可以产生一系列的值。产生 10 个数值，分别为 0~9，最后将自身相乘的结果返回变量 list3，代码如下：

```dart
//第 4 章 4.8 通过 List.generate 产生值列表
void main() {
  var list3 = List<int>.generate(10, (int index) => index * index);
  print(list3);
}
输出结果为
[0, 1, 4, 9, 16, 25, 36, 49, 64, 81]
```

4.2.10 Set 的用法

Set 的用法与 List 集合类似，都是表示循环输出集合中的每个元素；与 List 区别为 Set 集合中不能有相同的值，代码如下：

```dart
//第 4 章 4.9 Set 的基本用法
main() {
  Set<String> companies = {'baidu', 'sina', 'google'};
  //方法 1 传统输出方式
  for (String company in companies) {
    print(company);
  }
  print("-----------");
  //方法 2
  companies.forEach((v) => print('${v}'));
  print("-----------");
  //判断集合中是否包含'sina'字符串
  assert(companies.contains('sina'));
}
输出结果如下:(以下输出结果输出两次)
baidu
sina
google
-----------
```

4.2.11 Map 的用法

Map 以键-值对的形式保存内容，可以根据键来取值。下面有 3 个 for 迭代输出，第 1

个 for 迭代输出键的值，第 2 个 for 循环输出值，第 3 个通过 forEach 依次输出集合中的每个键和值，代码如下：

```
//第 4 章 4.10 Map 的基本用法
main(){
  Map<String, String> companies = Map();
  companies['one'] = "sina";
  companies["two"] = "baidu";
  companies["three"] = "sohu";
  companies["four"] = "google";
//输出键的值
  for(var key in companies.keys){
    print("键的输出：$key");
  }
//输出键所对应的值
  for(String value in companies.values){
    print("值的输出：$value");
  }
//输出键-值对
  companies.forEach((key, value) => print("键：$key 值：$value"));
}
```

输出结果为
键的输出：one
键的输出：two
键的输出：three
键的输出：four
值的输出：sina
值的输出：baidu
值的输出：sohu
值的输出：google
键：one 值：sina
键：two 值：baidu
键：three 值：sohu
键：four 值：google

4.2.12 fold 的用法

fold 属于 Iterable 类中的方法，可以通过将集合的每个元素与现有值迭代组合，将集合减少为单个值。使用迭代循环将集合中的每个元素赋给 prev，并和 element 相加，最后将结果赋给 amount，代码如下：

```
//第 4 章 4.11 使用 fold 进行迭代组合
main() {
  List<int> score = [1, 3, 5, 7, 9];
```

```
  var amount = 0;
  amount = score.fold(0, (prev, element) => prev + element);
  print(amount);
}
输出结果为
25
```

4.3 面向对象编程

在面向对象编程中,类一般包括构造方法、属性和一般方法。可以实现类的继承、接口等功能。在 Dart 语言中,增加了 Mixins 混合功能。

4.3.1 类的定义

定义一个 User 类,包含字符串类型 name 属性、日期类型 birthday 属性,其中 birthday 可以为空。在 output 方法中,输出相关信息,代码如下:

```
//第 4 章 4.12 定义 User 实体类
class User {
  String name;
  DateTime? birthday;                          //出生年月,可以为空
  int? get birthYear => birthday?.year;        //只读属性,得到日期时间中的年信息
  User(this.name, this.birthday);              //构造方法,传入 name 和 birthday 变量
  User.change(String name) : this(name, null);
  void output() {
    print('名称: $ name');
    var birthday = this.birthday;
    if (birthday != null) {                    //输入日期与当前日期进行比较
      int years = DateTime.now().difference(birthday).inDays ~/ 365;
      print('出生年月 $ birthYear ($ years 年以前)');
    } else {
      print('出生年份未知');
    }
  }
}
```

4.3.2 类的执行

调用实例化和方法,代码如下:

```
//第 4 章 4.13 类的实例化和执行
void main() {
```

```
    //传入了名称和出生日期
var user1 = User('Jack', DateTime(2001, 9, 5));
user1.output();
//此处只传入了名称,所以没有日期时间信息
var user2 = User.change('Tom');
user2.output();
}
输出结果为
名称:Jack
出生年月 2001 (20 年以前)
名称:Tom
出生年份未知
```

4.3.3 类的继承

可以使用 extends 关键字表示继承父类,使用 super 指代父类,代码如下:

```
//第 4 章 4.14 类的继承
class client extends User {
  double amount;
  client(String name, DateTime birthday, this.amount)
      : super(name, birthday);
}
```

4.3.4 默认参数、可选参数、位置参数

在函数的调用中,可以使用命名参数,如果需要必须输入内容,则可以加上 required 关键字,如下面第 1 行的代码所示。

在下面代码的 method2()方法中,使用了位置参数。Flutter 的构造函数只能使用命名参数,代码如下:

```
//第 4 章 4.15 方法中参数的不同含义
//默认参数 name,命名参数 age 有默认值 10,sex 必须输入变量值
String method1(String name, {int age = 10, required sex}) {
  return "姓名:$ name 年龄:$ age 性别 $ sex";
}

//可选位置 age 参数,不输入时为 null,问号表示 age 可以为空
String method2(String name, [int? age]) {
  //如果 age 的值为空,则输出'未知'
  return "$ name 年龄:$ {age ?? '未知'}";
}
```

```dart
main() {
  print(method1("小明", sex: '男'));
  print(method1("小张", age: 36, sex: '女'));
  print(method2("小华"));
  print(method2("小李", 19));
  //覆盖 age 默认值
  print(method1("John", age: 20, sex: '男'));
}
```
输出结果为
姓名：小明 年龄：10 性别男
姓名：小张 年龄：36 性别女
小华年龄：未知
小李年龄：19
姓名：John 年龄：20 性别男

4.3.5 混入 Mixins

Mixins 混入是在多个类层次结构中重用类代码的一种方法，也就是说，可以在一个类中重用另一个不相关的类中的代码。可以使用 with 关键字实现混入，后跟一个或多个混入类的名称。with 是混入的意思，也就是说，可以将一个或者多个类的功能添加到自己的类而无须继承这些类，避免多重继承导致的问题。

定义 Car 类和 Clerk 类，Bus 类继承了类 Car，并且混入了类 Clerk，代码如下：

```dart
//第 4 章 4.16 类的混入
class Car {
  String? name;
  DateTime? startDate;
  Car(this.name, this.startDate);
}

//定义将要混入的类
mixin Clerk {
  int num = 1;
  void crew() {
    print('乘客数量：$num');
  }
}

//通过 with 实现混入,实现在类中调用 Clerk 类中的 crew()方法
class Bus extends Car with Clerk {
  Bus(String name, DateTime startDate) : super(name, startDate);

  void describe() {
    super.crew();
```

```
    print('名称: $name 出发日期: $startDate');
  }
}

void main() {
  var craft = Bus('Jack', DateTime.now());
  craft.describe();
}
```
输出为
乘客数量: 1
名称: Jack 出发日期: 2021-11-16 18:01:39.498820

在 main() 函数中，构造方法 Bus 将两个参数通过 super 传入父类 Car。父类中的 name 和 startDate 分别接收相应的值。Craft.describeCrew() 方法通过 super.describeCrew() 调用父类方法。

4.3.6 ..的用法

".."称为级联符号，可以实现对一个对象的连续调用，即可连续调用多种方法，实现链式调用。可以通过 per 实例变量连续调用多种方法，代码如下：

```
//第 4 章 4.17 级联符号..的用法
class Person {
  method1() {
    print('method1');
  }

  method2() {
    print('method2');
  }

  method3() {
    print('method3');
  }
}

void main() {
  var per = Person();
  per
    ..method1()
    ..method2()
    ..method3();
}
输出结果为
method1
method2
method3
```

4.3.7 异常 Exception

异常的种类有两种,一种为直接通过 throw 抛出异常,由调用这个语句的上层处理,代码如下:

```
if (clerks == 0) {
    throw StateError('No clerks.');
}
```

另一种是通过 try、on、catch、finally 等关键字来处理异常,代码如下:

```
//第 4 章 4.18 异常的处理
try {
        for (var clerkin clerks) {
            var description = await File('$ object.txt').readAsString();
            print(description);
        }
} on IOException catch (e) {
    print('Could not describe object: $ e');
} finally {
clerks.clear();
}
```

在上面的代码中,类似于其他面向对象编程语言,try 包含可能会发生异常的语句,on 中表示对异常进行处理,此处的异常类型为 IOException(输入/输出异常),finally 表示不管发生没发生异常,都会被执行的语句。

4.4 异步操作

4.4.1 什么是异步

在计算机的日常操作中,语句一般一条一条按顺序执行,代码如下:

```
//第 4 章 4.19 程序的顺序执行
void main() {
  print('one');
  print('two');
  print('three');
}
输出结果如下:
one
two
three
```

但是还有其他的情况,如可能请求的操作为耗时操作(如登录、下载文件等),它们可以在提交请求后返回,而无须等待该操作完成。在程序的执行过程中,也就不会按照顺序执行了。那么在输出结果时,可能也就不会按顺序输出了。语句的执行没有按顺序执行称为异步编程。

异步编程允许一个工作单元独立于基本的应用程序线程运行。当工作完成时,它再通知主线程任务完成。

异步编程提高了工作效率,当应用程序中有耗时的工作时,如从网上下载文件,不需要阻止主程序的执行。可以在等待长期任务的结果的同时执行其他工作。

4.4.2　Future 异步的实现

Dart 通过 Future 关键字来处理异步操作,代码如下:

```
Future<int> getCount();
```

Future<int>表示方法 getCount()在未来接收的值为 Future<int>类型,注意不是整型。

在实际的运行中,上面方法的运行将和主线程隔离,独立于原方式运行。这样主线程又可以做其他事情了。当运行完成后,将结果返回给 Dart 语言主线程处理。

程序延迟 3s 后,将会返回数字 100,代码如下:

```
final result = Future<int>.delayed(
Duration(seconds: 3),
() => 100,
);
```

在上面的代码示例中 result 的类型为 Future<int>。

delayed()方法表示产生一个延迟,Duration 控制延迟的大小,可以传入参数 days、hours、minutes、seconds、milliseconds、microseconds。Duration(seconds: 3)表示延迟 3s。

从上述代码中,不能直接得到数字 100,将会接收的类型为 Instance of 'Future<int>'。Future 返回的类型有 3 种方式:

(1) 未完成。
(2) 已完成。
(3) 产生错误。

在下述的代码中,是异步处理的一个流程。由于是异步处理,所以 Future 中的内容将会被延迟输出,代码如下:

```
//第 4 章 4.20 程序的异步执行、结果的处理和异常的捕获
void main(List<String> args) {
  print('one');
```

```
    getCount();
    print('three');
}

void getCount() {
  print('Before future');
  final result = Future<int>.delayed(
    Duration(seconds: 3),
    () => 100,
  )
      .then(
        (value) => print('Value: $value'),
      )
      .catchError(
        (error) => print('Error: $error'),
      )
      .whenComplete(
        () => print('Future is complete'),
      );
  print('After future');
}
输出结果如下:
one
Before future
After future
three
Value: 100
Future is complete
```

首先输出 one、Before future、After future 和 three。3s 后输出 Value: 100 和 Future is complete。

（1）then 关键字表示异步操作完成后，返回执行结果，此处为 3s 后执行。

（2）catchError 表示捕获错误。

（3）whenComplete 表示不管有没有异常，这里面的语句都会被执行，类似异常语句中的 finally。

如果想接收结果，则可以对上面的代码进行修改，修改后的代码如下：

```
//第 4 章 4.21 异步结果的接收
void main(List<String> args) {
  print('start');
  print(getCount());
  print('end');
}
```

```
Future<int> getCount() async {
  final result = await Future<int>.delayed(
    Duration(seconds: 3),
    () => 100,
  );
  return result;
}
```
输出结果如下：
```
start
Instance of 'Future<int>'
end
Exited
```

如果想对异步操作进行进一步的处理，需要在异步输出的函数名后加上 async 关键字，异步语句应加上 await 关键字。getCount()方法返回的类型为 Future<int>类型。我们在后面学习 Flutter 开发中，还需要对这种返回类型的结果再通过其他方式进行处理，以便能将从异步中得到的数据进行处理，如从远程读取的数据在界面上显示。

如果一个 Future 在函数返回完成时有错误，并且想要对该错误进行处理，此时异步函数中则可以使用 try-catch 语句来处理，代码如下：

```
Future<void> asyncMethod() async {
  try {
    ...
    var images = await getImages();
    ...
  } catch (e) {
    //Handle error
    //处理代码执行错误
  }finally{
    //不管有没有错误,都要执行的语句
  }
}
```

try-catch 语句处理异步代码错误的方式与同步代码相同：catch 语句块中的代码会在 try 语句块中的代码抛出异常时执行。

4.4.3 Streams 流操作

Future 代表未来会返回一个单个的值，而 Stream 流操作则表示未来可能会返回一系列的值，类似于水流。Stream 流是异步数据事件的源，提供了一种接收事件序列的方法。每个事件要么是一个数据事件，要么是一个错误事件，即某个事件失败的通知。当一个流已发出其所有事件时，一个"完成"事件将通知所有监听者已结束流。

通过调用 async * 函数生成流,然后该函数返回流。使用该流将使该函数持续不断地发出信息,直到它结束,然后关闭流。在 async 或 async * 函数里面,可以使用 await for 循环来处理流信息,或在 async * 函数中使用 yield * 直接转发其事件。

流的操作在实际生活中有很多种,如加载本地大型文件、从网上下载歌曲、请求服务器中数据库的大量数据等。

每隔 1s,连续不断地输出当前日期,只有程序强制中止时才会中止输出,代码如下:

```
//第 4 章 4.22 stream 流操作,多次输出结果
void printDateTime() async {
  Stream source = Stream<String>.periodic(Duration(seconds: 1), (value) {      //(1)
    var now = DateTime.now().toString();
    return now;
  });
  await for (var event in source) {                                             //(2)
    print(event);
  }
}
输出结果如下:
2021 - 12 - 30 15:38:41.5956602
2021 - 12 - 30 15:38:42.5889292
...
2021 - 12 - 30 15:38:45.5861502
2021 - 12 - 30 15:38:46.583717
Exited (1)
```

标记 1 处,表示 Stream<String>.periodic 创建以周期间隔重复发射事件的流,此处代码表示每隔一秒产生一个日期信息。

标记 2 处,表示使用 await for 在控制台输出流信息。

另一个比较常用的语句如下:

```
Stream<int>.periodic(Duration(seconds: 1),(value) => value,).take(10);
```

表示每隔 1s 输出一个值,从 0 到 9,输出 10 次后停止。

最后,大多数情况下,对于长时间运行的 I/O 任务,可以使用 Dart 库中的 Future 或 Stream 实现,然而有时可能会发现代码太复杂且计算代价高昂,并且会降低应用程序效率。这时可以使用 dart:isolate 库,用隔离的并发编程来处理。隔离的并发编程类似于线程但不共享内存的独立工作者,仅通过消息进行通信。

在 Flutter 中,对异步数据的接收处理可以通过 FutureBuilder、StreamBuilder 实现,在后面 Flutter 相关章节中会有详细介绍。

第 5 章 Flutter 框架基本组件的使用

51min

Flutter 框架设计目标为给用户呈现丰富多彩的外观。我们将从基本的组件开始，逐步讲解 Flutter 中各种组件的用法。这一章，主要讲解 Container 容器组件、Text 文本组件、Icon 图标组件、Image 图片组件、屏幕适配、生命周期、StatefulWidget 有状态组件和 StatelessWidget 无状态组件等。

5.1 Flutter 架构组成

Flutter 被设计为一个可扩展的分层系统，各个组件相互独立，上层组件依赖下层组件。组件无法越权访问更底层的内容，框架层中的部分都是可选且可替代的。

Flutter 框架结构图分为三部分：Framework、Engine 和 Embedder，如图 5-1 所示。

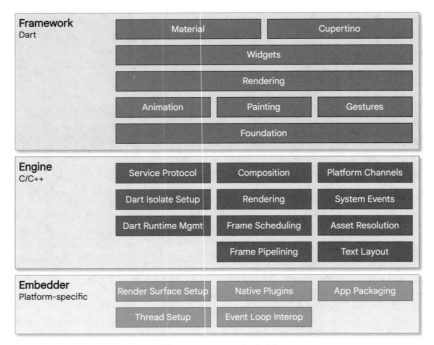

图 5-1 Flutter 架构层

Framework 指使用 Dart 编写的 Flutter 框架，其中 Material 指实现了材质设计（Material Design）的 Flutter 组件，是官方推荐使用的组件类型。在使用时需要导入 import package:flutter/material.dart 包。本书也是以 Material Design 为主讲解 Flutter 组件的使用。

Cupertino 为 iOS 风格的组件，它有很多组件与 Material Design 类似。

Widgets 库是构建 Flutter 框架的基础，Rendering 库实现了 Flutter 的布局和后台绘制，Animation 库实现了 Flutter 的动画功能，Painting 库包括包装了 Flutter 引擎的绘制 API，实现的功能如绘制缩放图像、阴影之间的插值、绘制方框周围的边框等。Gestures 库主要包含和手势识别相关的类，如单击、拖曳、长按、悬浮等。foundation 库中定义的功能是 Flutter 框架所有其他层使用的最低级别的实用程序类和函数。

Engine 为 Flutter 引擎，使用 C/C++ 编写，并提供了 Flutter 应用所需的原码。当需要绘制新一帧的内容时，引擎将负责对需要合成的场景进行栅格化。它提供了 Flutter 核心 API 的底层实现，包括图形（通过 Skia）、文本布局、文件及网络 IO、辅助功能支持、插件架构和 Dart 运行环境及编译环境的工具链。如 Platform Channels 平台通道，可以实现把 Flutter 嵌入一个已经存在的应用中，实现 Flutter 框架的 Dart 语言与 kotlin 和 Swift 的相互通信。

Embedder 指平台嵌入层，用于呈现所有 Flutter 内容的原生系统应用，它充当着宿主操作系统和 Flutter 之间的粘合剂的角色。当启动一个 Flutter 应用时，嵌入层会提供一个入口，初始化 Flutter 引擎，获取用户界面和栅格化线程，创建 Flutter 可以写入的纹理。嵌入层同时负责管理应用的生命周期，包括输入的操作（例如鼠标、键盘和触控）、窗口大小的变化、线程管理和平台消息的传递等。Flutter 拥有 Android、iOS、Windows、macOS 和 Linux 的平台嵌入层，当然，开发者可以创建自定义的嵌入层。

5.2 MaterialApp Flutter 材质应用

Flutter 界面设计主要以 Material Design 风格应用为主，Material 是一种移动端和网页端通用的视觉设计语言。Flutter 提供了丰富的具有 Material 风格的组件，通过它可以使用更多 Material 的特性，相应的网址为 https://material-io.cn/。

MaterialApp 包含材料设计应用程序通常需要的许多组件，如导航、路由、主页、样式、多语言设置、调试等。MaterialApp 的主要组成功能如下：

```
//第 5 章 5.1 MaterialApp 中的主要属性及用法
MaterialApp({
    this.navigatorKey,                              //导航键,key 的作用是提高复用性能
    this.home,                                      //主页
    this.routes = const <String, WidgetBuilder>{},  //路由
    this.initialRoute,                              //初始路由名称
    this.onGenerateRoute,                           //路由构造
```

```
    this.onUnknownRoute,                                    //未知路由
    this.builder,                                           //建造者
    this.title = '',                                        //应用的标题
    this.onGenerateTitle,                                   //生成标题回调函数
    this.color,                                             //App 颜色
    this.theme,                                             //样式主题
    this.darkTheme,                                         //主机暗色模式
    this.themeMode = ThemeMode.system,                      //样式模式
    this.locale,                                            //本地化
    this.localizationsDelegates,                            //本地化代理
    this.supportedLocales = const <Locale>[Locale('en', 'US')],  //本地化处理
    this.deBugShowMaterialGrid = false,                     //是否调试显示材质网格
    this.showPerformanceOverlay = false,                    //是否显示性能叠加
    this.checkerboardRasterCacheImages = false,             //检查缓存图片的情况
    this.checkerboardOffscreenLayers = false,               //检查不必要的 setlayer
    this.showSemanticsDeBugger = false,                     //是否显示语义调试器
    this.deBugShowCheckedModeBanner = true,                 //是否在右上角显示 Debug 标记
});
```

5.3 Scaffold 脚手架

Scaffold 是一个页面布局脚手架，实现了基本的 Material 布局，继承自 StatefulWidget 有状态组件。像大部分的应用页面，包含标题栏、主体内容、底部导航菜单或者侧滑抽屉菜单等，每次都重复写这些内容会大大降低开发效率，所以 Flutter 框架提供了具有 Material 风格的 Scaffold 页面布局结构，可以很快地搭建出这些元素。与 Scaffold 相关的组件如下：

```
//第 5 章 5.2 Scaffold 主要属性及用法
const Scaffold({
    this.appBar,                                            //标题栏
    this.body,                                              //主体部分
    this.floatingActionButton,                              //悬浮按钮
    this.floatingActionButtonLocation,                      //悬浮按钮位置
    this.floatingActionButtonAnimator,                      //悬浮按钮动画
    this.persistentFooterButtons,                           //固定在下方显示的按钮
    this.drawer,                                            //左侧侧滑抽屉菜单
    this.endDrawer,                                         //右侧侧滑抽屉菜单
    this.bottomNavigationBar,                               //底部导航栏
    this.bottomSheet,                                       //底部拉出菜单
    this.backgroundColor,                                   //背景色
    this.resizeToAvoidBottomPadding,                        //自动适应底部
    this.resizeToAvoidBottomInset,                          //重新计算 body 布局空间大小,避免被遮挡
    this.primary = true,                                    //是否显示在屏幕顶部,默认值为 true,将显示到顶部状态栏
    this.onDrawerChanged,                                   //侧滑抽屉菜单改变回调函数
})
```

5.4 标题栏的显示

Scaffold 是 Material 库中提供的一个组件，它提供了默认的导航栏、标题和包含主屏幕组件树的 body 属性等特性，body 属性为导航栏下的区域，它是面积最大的区域。丰富的外观是由层层嵌套复杂的组件树组成的。

使用 Scaffold 在移动端的导航栏上显示标题，内容为 Home，代码如下：

```
//第 5 章 5.3 Flutter 应用中标题的显示
MaterialApp(                                            //第 1 行
  home: Scaffold(                                       //第 2 行
    appBar: AppBar(                                     //第 3 行
      title: const Text('Home'),                        //第 4 行
    ),
  ),
  deBugShowCheckedModeBanner: false,                    //第 7 行
)
```

上述关键代码表示的含义如下：

第 1 行表示使用 MaterialApp 构造页面界面布局。

第 2 行表示在屏幕的主要区域使用了 Scaffold 脚手架实现布局。

第 3 行表示应用标题栏，使用了 Scaffold 组件的 appBar 属性。

第 4 行表示 appBar 属性通过 AppBar 组件的 title 属性，通过 Text 文本组件将内容显示为 Home 的标题。

第 7 行表示隐藏标题栏上的 Debug 调试图标。

显示的效果如图 5-2 所示。

图 5-2　Flutter 导航栏中显示标题

由于使用了 MaterialApp，导入的库为 import 'package:flutter/material.dart';，完整的 main.dart 源代码如下：

```dart
//第5章 5.4 Flutter 导航栏标题的显示
import 'package:flutter/material.dart';

void main() {
  runApp(Center(
    child: Chapter5Demo(),
  ));
}

class Chapter5Demo extends StatelessWidget {
  const Chapter5Demo({Key? key}) : super(key: key);

  @override
  Widget build(BuildContext context) {
    return MaterialApp(
      home: Scaffold(
        appBar: AppBar(
          title: Text("Home"),
        ),
      ),
    );
  }
}
```

程序的运行设置类似于 3.2 节，可以在 VS Code 中输入，运行上面的代码以观看效果。

5.5 Container 容器组件

Container 容器组件，是用得比较多的组件，常用的属性有颜色、位置、长度、宽度等，Container 容器使用 child 属性包含其他的组件。

Container 常见的属性见表 5-1。

表 5-1 Container 常见属性及含义

属性	含义
width	设置容器的宽度
height	设置容器的高度
margin	容器与周围其他组件的距离
padding	容器内部组件与边界及其他组件的距离
alignment	容器内子节点组件的对齐方式
color	容器的颜色
child	包含其他子组件
decoration	对容器组件的样式进行修饰
transform	在绘制图形前对图形进行转换

在上面代码的基础上可以对 Scaffold 增加 body 属性,修改后的代码如下:

```
//第 5 章 5.5 Container 容器的使用
@override
  Widget build(BuildContext context) {
    return MaterialApp(
      home: Scaffold(
        appBar: AppBar(
          title: Text("Home"),
        ),                                    //在此行下增加代码
        body: Container(                      //增加的第 1 行
          margin: const EdgeInsets.all(20.0), //增加的第 2 行
          color: Colors.red,                  //增加的第 3 行
          width: 96.0,                        //增加的第 4 行
          height: 96.0,                       //增加的第 5 行
        ),                                    //增加的第 6 行
      ),
    );
  }
```

在上面的代码中,增加的第 1 行代码表示在 Scoffold 使用 body 属性添加容器属性。
增加的第 2 行代码表示容器的空白上下左右都为 20,这里的数字表示逻辑像素。
增加的第 3 行代码表示容器的颜色为红色。
增加的第 4 行代码表示容器的宽度为 96。
增加的第 5 行代码表示容器的高度为 96。

上述代码表示在屏幕的左上角显示一个容器,颜色为红色,宽度为 96,高度为 96,容器和四周的空白为 20,标题栏显示为 Home,效果如图 5-3 所示。

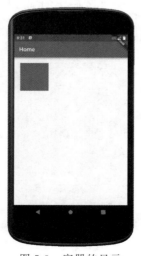

图 5-3　容器的显示

5.6 文本 Text 组件

文本 Text 组件主要用于显示文本内容。在容器中可以显示文本信息,只要加入一行语句就可以了。通过热加载(Hot Reload)技术自动在虚拟机的容器上显示文本内容,代码如下:

```
//第 5 章 5.6 Flutter 应用容器中 Text 文本的显示
body: Container(
        margin: const EdgeInsets.all(20.0),
        color: Colors.red,
        width: 96.0,
        height: 96.0,
        child: Text("你好"),                    //此处为增加的语句
    ),
```

增加的语句表示可以通过容器的 child 属性添加子组件,此处添加的子组件为 Text 文本组件。对文本组件中字体的大小、颜色、行高、间距等也可以设置调整,将在第 7 章 Flutter 样式中进行具体讲解。

5.7 图标 Icon 组件

Flutter 自带有大量的图标,可以以多种形式显示,可以从中选择我们需要的图标,以适合应用的要求。官方网址为 https://www.fluttericon.com。在容器中显示一个心形图标,颜色为品红色,大小为 72。可以修改前述代码中的 child 中的内容,代码如下:

```
//第 5 章 5.7 Flutter 应用容器中 Icon 图标的显示
body: Container(
        margin: const EdgeInsets.all(20.0),
        color: Colors.yellow,
        width: 200,
        height: 200,
        child: Icon(                          //添加图标组件
          Icons.favorite,                     //心形图标
          color: Colors.pink,                 //颜色为品红
          size: 72.0,                         //心形图标大小为 72
        ),
    ),
```

运行效果如图 5-4 所示。

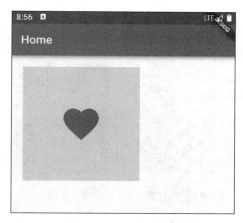

图 5-4　在容器中显示心形图标

5.8　图片 Image 组件

可以使用 Image 组件通过内存、文件、资源或网络等方式访问图片,实现图片的显示。Flutter 主要支持以下格式的图片,如 JPEG、PNG、GIF、BMP、Animated GIF 等。

Image 组件的主要属性如下:

```
//第 5 章 5.8 Image 图片组件中主要属性的用法
const Image({
    required ImageProvider<Object> image,          //要显示的图像
    ImageFrameBuilder? frameBuilder,               //创建图像生成器函数,例如可以设置动画效果
    ImageLoadingBuilder? loadingBuilder,           //正在加载时的效果
    ImageErrorWidgetBuilder? errorBuilder,         //加载图片错误时调用此函数
    String? semanticLabel,                         //对图像的描述
    double? width,                                 //图像宽度的设置
    double? height,                                //图像高度的设置
    Color? color,                //如果非空,则使用 colorBlendMod 将此颜色与每个图像像素混合
    Animation<double>? opacity,  //如果非空,则在绘制到画布上之前,动画中的值将与每个图像
                                 //像素的不透明度相乘
    BlendMode? colorBlendMode,                     //颜色与此图像组合
    BoxFit? fit,                                   //图像在布局中的显示方式
    AlignmentGeometry alignment = Alignment.center,//图像在内部的对齐方式
    ImageRepeat repeat = ImageRepeat.noRepeat,     //当空间多余时,是否重复显示图像
    Rect? centerSlice,                             //图像适应目标的方式
    bool isAntiAlias = false,                      //是否使用抗锯齿绘制图像
    FilterQuality filterQuality = FilterQuality.low //图像的渲染质量
})
```

5.8.1 网络图片的显示

可以在 Flutter 应用中显示网络图片。在移动端加载网络图片时,首先要配置工程的网络请求权限。在 VS Code 工程中打开 AndroidManifest.xml 文件(路径:android/app/src/main),在 application 上面添加以下内容:

```
< uses - permission android:name = "android.permission.INTERNET"/>
< uses - permission android:name = "android.permission.WRITE_EXTERNAL_STORAGE" />
< uses - permission android:name = "android.permission.WAKE_LOCK" />
```

其次,定义变量_url,指明网络图片的地址(此为示例,由于网络图片地址可能会有变动,读者也可以自己在网络上找到一张图片地址替换书中的图片网络地址)。

最后,添加 Image.network(_url, fit: BoxFit.fill,)代码实现在 Flutter 程序中显示图片,其中 fit: BoxFit.fill 表示图片填充整个容器,代码如下:

```
//第 5 章 5.9 网络图片的显示
//指明图片地址
static const String _url = "http://image.biaobaiju.com/uploads/20180531/02/1527706049-cVJjelLyiS.jpg";
...
body: Container(
     margin: const EdgeInsets.all(20.0),
     width: 200,
     height: 200,
child: Image.network(                              //添加 Image 组件,以显示图像
     _url,
fit: BoxFit.fill,
loadingBuilder: (BuildContext context, Widget child,
       ImageChunkEvent? loadingProgress) {         //图像加载过程的处理
     if (loadingProgress == null) {                //为空显示图像
       return child;
     }
     return Text('加载中…');                       //加载图像过程显示文本提示内容
   },
  ),
 ),
```

运行结果如图 5-5 所示。

loadingBuilder()函数表示在加载过程中,可以使用替代文本。由于网络上有的图像较大且网络速度慢等原因,加上文本提示后,可以让用户感觉到正在加载图像,这样用户的体验会更好。在 loadingBuilder()中,判断是否图像已加载完成,如果未加载完成,则显示文本信息'加载中…',如果已完成,则显示图像。

图 5-5　在容器中显示图像

Image 组件中的 fit 属性表示图像的显示方式,如是否拉伸、填充等。常见的值见表 5-2。

表 5-2　Image fit 属性的类型

fill	全图显示且填充满,图片可能会拉伸
contain	全图显示但不充满,显示原比例
cover	显示可能拉伸,也可能裁剪,充满
fitWidth	显示可能拉伸,也可能裁剪,宽度充满
fitHeight	显示可能拉伸,也可能裁剪,高度充满
scaleDown	在目标框内对齐图像(默认情况下,居中),如有必要,缩小图像的比例,以确保图像适合于框内

5.8.2　显示本地图片

本地图片的显示方式及步骤如下:

第 1 步,在 VS Code 资源管理器中单击新建文件夹图标,新建 asset/images 文件夹,并将图片拖动到这个文件夹中,如图 5-6 所示。

图 5-6　新建图片文件夹

第 2 步，如果是从网上下载的图片，则可能默认为锁定状态。要选中该文件，右击并选择文件属性解除锁定，如图 5-7 所示。

第 3 步，打开 pubspec.yaml 文件，加入如图 5-6 所输入的表示图片位置的内容（此处为 asset/images/）。一定要注意下面的格式，可以采用删除图中注释左边"#"和空格的方式生成下面的代码，如图 5-8 所示。

图 5-7　解除文件锁定　　　　图 5-8　在 pubspec.yaml 文件中指明图片位置

第 4 步，在程序中加入如下语句，注意图片的名称和位置一定不要写错，与图 5-8 所示及实际的图片位置三者要保持一致。

```
//第 5 章 5.10 本地资源图片的显示
Container(
          margin: const EdgeInsets.all(20.0),
          color: Colors.yellow,
          width: 200,
          height: 200,
          child: Image.asset("asset/images/coast.jpg"),//此处为增加的语句
        ),
```

5.8.3　加载图片过程中，显示进度条信息

一般情况下，图片加载是直接显示在屏幕上，前面的过程屏幕可能长时间为空白，尤其在加载网络上的图片时，这样会给用户不好的体验。在加载的过程中，也可以先显示替代的图片或进度信息，这样会给用户带来很好的外观体验。如有动画的效果会有更酷的体验，代码如下：

```
//第5章5.11加载网络图片时,显示进度条
body: Container(
        margin: const EdgeInsets.all(20.0),
        color: Colors.red,
        width: 200,
        height: 200,
        child: FadeInImage.assetNetwork(
            placeholder: "asset/images/loading.gif",
            image:" https://tenfei04.cfp.cn/creative/vcg/veer/800water/veer-147317368.jpg"),
    ),
```

FadeInImage类的作用为在加载目标图像时显示占位符placeholder属性中的图像,然后在加载完成后占位符中的图像在新图像中淡出。placeholder属性为图片显示前的加载图片,一般为进度条图片,image属性为显示的图片地址。进度条图片是本地资源,也要复制到工程相应的位置上。FadeInImage常用属性见表5-3。

表 5-3 FadeInImage 常用属性

属性	说明
alignment	在图像边界内对齐图像
fadeOutCurve	占位符淡出动画的随时间变化曲线
fadeInCurve	图像淡入动画的随时间变化曲线
fadeOutDuration	占位符加载过程中动画持续时间
fadeInDuration	图像加载过程中动画持续时间
fit	图像填充容器的方式,如填满、居中等
key	控制一个小组件如何替换组件树中的另一个组件

在图像的显示过程中,默认情况下,不同的手机分辨率会使用不同类型的图片。在设备像素比为2.0的屏幕上,屏幕将使用如images/2x/cat.png中所示的图片文件,相应地,在设备像素比为4.0的屏幕上,将使用3.5x文件夹中的图片cat.png。在pubspec.yaml文件中与设备像素比有关的代码如下。我们可以在实际使用过程中,在相应的位置添加不同大小的图片,以适应不同的屏幕。

```
flutter:
 assets:
  - images/cat.png
  - images/2x/cat.png
  - images/3.5x/cat.png
```

5.9 Flutter 按钮类型

在Flutter中,按钮的类型很多,常用的有以下几种:
(1) 可以由ButtonStyle统一定义风格的按钮,如 TextButton、OutlinedButton、

ElevatedButton。它们在单击时,界面有类似水的波纹动态效果。

(2) 带图标的按钮,如 IconButton、BackButton、CloseButton。

(3) 切换按钮 ToggleButton。

(4) Material Design 中的浮动按钮,如 FloatingActionButton。

5.9.1　TextButton 文本按钮

TextButton 文本按钮的表现形式为普通按钮,并且没有边框,带边框的则为 OutlinedButton 按钮。可以在工具栏、对话框或与其他内容内联时,使用文本按钮。

下面的示例代码为 TextButton 的实现形式。onPressed 为单击事件,如果为 null,则此项禁用。其中,child 显示按钮文本内容。style 属性用于定义按钮的风格,通过 TextButton 的静态方法 styleFrom 复制了原来的风格,并实现了字体的大小为 20。

```
//第 5 章 5.12 TextButton 文本按钮的使用
TextButton(
        style: TextButton.styleFrom(
          textStyle: const TextStyle(fontSize: 20),
        ),
        onPressed: () {},
        child: const Text('文本按钮'),
      ),
```

5.9.2　OutlinedButton 强调按钮

OutlinedButton 和 TextButton 类似,区别为 OutlinedButton 按钮是以边框的形式存在,代码如下:

```
//第 5 章 5.13 OutlinedButton 强调按钮的使用
OutlinedButton(
    onPressed: () {
      print('Received click');
    },
    child: const Text('有边框的按钮'),
  );
```

5.9.3　ElevatedButton 有阴影的按钮

ElevatedButton 有阴影的按钮的表现形式更为丰富,可以在长列表或其他空间位置使用,但不要在对话框或卡片本身有阴影效果的组件上使用。ElevatedButton 在显示时按钮的边界有阴影立体效果,按下时的动态效果更为明显,代码如下:

```
//第 5 章 5.14 ElevatedButton 带阴影的按钮的使用
ElevatedButton (
        style: ElevatedButton.styleFrom(
         textStyle: const TextStyle(fontSize: 20),
        ),
        onPressed: () {},
        child: const Text('点我'),
      ),
```

TextButton 文本按钮、OutlinedButton 强调按钮和 ElevatedButton 有阴影的按钮的外观表现形式如图 5-9 所示。

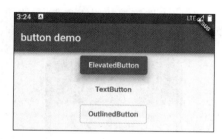

图 5-9　ElevatedButton、TextButton、OutlinedButton 按钮的显示

5.9.4　IconButton 图标按钮

图标按钮，顾名思义，带图标的按钮，常见的有后退按钮 BackButton、关闭按钮 CloseButton 等。可以放在任何位置，通常应用于屏幕最上面的导航栏 AppBar.actions 位置，用于单击完成一些事件。图 5-10 为星形图标按钮当单击时的实现效果，默认显示星形图标，当单击时有类似波浪向外扩散的阴影效果。

图 5-10　单击图标按钮的水波效果

icon 表示按钮图标的类型，color 表示按钮的颜色，iconSize 表示图标的大小，splashColor 表示按下这个按钮时，背景显示的动态颜色。onPressed 实现单击事件，代码如下：

```
//第 5 章 5.15IconButton 带图标的按钮的使用
IconButton(
         icon: const Icon(Icons.android),    //按钮图标的类型
         color: Colors.red,                  //按钮的颜色为红色
```

```
        iconSize: 96,                              //图标的大小为96
        splashColor: Colors.blue,                  //按下这个按钮时,背景显示的动态颜色为蓝色
        onPressed: () {},                          //实现单击事件
      ),
```

5.9.5 FloatingActionButton 浮动按钮

FloatingActionButton 浮动操作按钮组件通常是一个圆形图标按钮,它悬停在屏幕内容之上,以执行应用程序中的相应操作。在 Scaffold 中使用 floatingActionButton 属性实现浮动操作按钮的显示效果,使用 floatingActionButtonLocation 属性设置按钮的位置,使用 floatingActionButtonAnimator 属性实现按钮位置变化的动画效果。浮动操作按钮组件在屏幕的显示效果如图 5-11 箭头所示。

图 5-11 FloatingActionButton 浮动按钮的显示

实现 FloatingActionButton 浮动按钮显示的关键代码如下:

```
//第 5 章 5.16 FloatingActionButton 浮动按钮的使用
@override
  Widget build(BuildContext context) {
    return Scaffold(                               //定义 Scaffold
      appBar: AppBar(
        title: Text('FloatingActonButton 示例'),
      ),
      //floatingActionButtonAnimator: ,            //实现浮动按钮的动画效果
      //(1)
      floatingActionButton: FloatingActionButton(
```

```
      onPressed: () {                              //定义单击事件
        //单击浮动按钮,以执行一些事件
      },
      backgroundColor: Colors.blue,                //定义背景颜色
      child: const Icon(Icons.add),                //定义要显示的内容
    ),
    //(2)
    floatingActionButtonLocation: FloatingActionButtonLocation.endFloat,
    body: Center(
      child: FlutterLogo(),
    ),
  );
}
```

上述关键标记代码表示的含义分别如下:

(1) 通过 FloatingActionButton 属性实现显示浮动按钮的功能。

(2) 通过 FloatingActionButtonLocation 类设置浮动按钮的位置,默认的常量值为 endFloat,表示位置在右下角的位置。其他常量可以控制浮动按钮在其他相应的位置,如 centerDocked 表示浮动按钮在底部选项卡的中间位置,startTop 表示在顶部左边的位置。

第 6 章 理解 Flutter 组件

在 Flutter 中,界面外观的呈现在后台中主要是以类似树的层次结构组成的,外观界面的组成是由一个个组件组合在一起的,界面的动态变化类似于树中节点的增加或删除,如图 6-1 所示。Widget 组件的实例在树中特定位置称为 Element 元素。树中节点的增加或删除,对应于元素的创建(挂载到层次树中)和从树中删除(元素的销毁)等生命周期。

图 6-1(a)为显示的效果,在居中的 Center 组件中包含 Container 容器。Container 容器又包含 Column 列组件,Column 列组件表示里面的内容是竖着排列的。列容器里面有文本 Text 和文本按钮 TextButton。文本按钮上的内容是以文本组件的方式显示的。图 6-1(b) 为组件的组成结构。在实际应用中,界面的显示通常是以 MaterialApp 为开始,子组件包含 Scaffold 组件,然后在 Scaffold 中包括其他的组件。

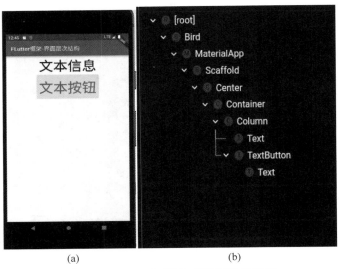

(a)　　　　　　　　　　(b)

图 6-1　Flutter UI 界面、界面层次结构图

和界面状态有关的组件类主要有三类,即无状态组件 StatelessWidget、有状态组件 StateWidget 和可继承的组件 InheritedWidget。可继承的组件 InheritedWidget 将在第 17 章状态管理中具体讲解。

6.1 无状态组件类 StatelessWidget

无状态组件类 StatelessWidget，顾名思义就是指它的状态是不可变的，界面外观一直保持不变。它通过构建一组更具体地描述用户界面的其他组件来生成部分用户界面。无状态组件的生命周期非常简单，它能通过 build( )方法快速生成屏幕的界面，并且只渲染一次，因此在执行速度和效率方面比有状态组件更好。通常在 3 种情况下调用无状态组件的 build( )方法以构建屏幕外观：①第一次将无状态组件插入层次树中时；②当组件的父类更改配置时；③当依赖的 InheritedWidget 组件发生改变时。在设计组件时，结合实际的业务情况，尽量使用无状态组件。

在 Flutter 工程中，快速生成无状态组件的快捷键为在代码窗口中输入 stl，选择 Flutter stateless widget 那一行，然后单击 Enter 键。完成后输入类的名称，如 MyApp，如图 6-2 所示。

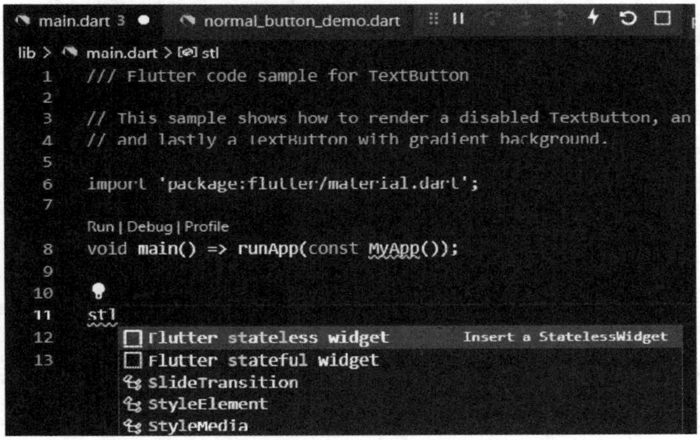

图 6-2　快速生成无状态组件

extends StatelessWidget 表示继承无状态组件，build( )方法包含生成界面外观的其他组件，代码如下：

```
//第 6 章 6.1 StatelessWidget 无状态组件类的组成
class Myapp extends StatelessWidget {
  const Myapp({Key? key}) : super(key: key);

  @override
  Widget build(BuildContext context) {
    return Container();
  }
}
```

6.2 有状态组件 StateWidget

生成有状态组件的快捷方式为在代码窗口中输入 st,然后单击 Enter 键,输入有状态组件类的名称,如 Home 类。在下面的代码中,有状态组件 Home 类继承了 StateWidget 类,通过 createState() 方法调用了继承 State 状态类的 HomeState 类,有状态组件 Home 通过状态类 HomeState 管理有状态组件中的子树,里面的 build() 方法用于构建生成屏幕的界面外观,代码如下:

```
//第 6 章 6.2 StatefulWidget 无状态组件类的组成
class Home extends StatefulWidget {
  const Home({ Key? key }) : super(key: key);

  @override
  _HomeState createState() => _HomeState();
}

class HomeState extends State<Home> {
  @override
  Widget build(BuildContext context) {
    return Container(

    );
  }
}
```

有状态组件是指具有可变状态的组件,有状态组件中包含状态类。可以通过调用状态类中的 state.setState() 方法,对界面中的节点及以下的整个子树进行更新。如果有状态组件布局在界面层次树中的多个位置,则它和多种状态对象相关联。类似地,如果有状态组件从树中删除,然后再次插入树中,框架将再次调用 createState() 方法来创建新的状态对象,从而简化状态对象的生命周期。

有状态组件从性能来看主要分为两类,一类是在状态类的 initState() 方法中分配资源,在 dispose() 方法中销毁资源;另一类是使用状态的有状态组件,它们在应用程序生命周期内将会多次重构。为了提高性能,尽量在叶子节点使用有状态组件,如果含有大量子组件,则应尽量慎用有状态组件,调用 setState() 方法时尽量在一个小的模块中,推荐在组件前使用 const 常量关键字。

6.3 有状态组件状态类的生命周期

有状态组件状态类的生命周期如图 6-3 所示,State 状态类对有状态组件实现内部逻辑和状态的管理。当组件构造时,可以同步地读取组件中的信息,并在组件的生命周期中通过

State.setState 对它进行改变。状态对象有以下的生命周期：

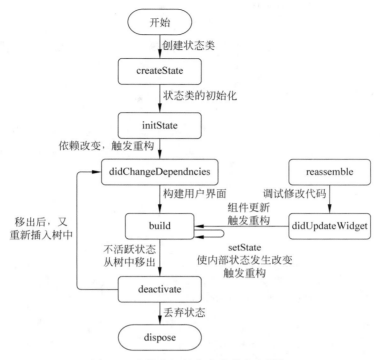

图 6-3　有状态组件状态类的生命周期

（1）通过调用有状态组件的 createState()方法产生 State 对象，并与 BuildContext 上下文相关联。

（2）框架调用 initState()初始化方法，State 对象根据 BuildContext 上下文或组件执行一次性初始化操作。在组件重构过程中，State 对象只会初始化一次。

（3）当 State 对象初始化完成后，框架将调用 build()方法。State 对象可以多次调用 build()方法以更改组件树中的内容，以使界面内容发生改变。

（4）框架调用 didChangeDependencies()方法时，State 对象重写此方法，当此状态对象的依赖项更改时调用，这时框架会调用 build()方法，以使界面发生重构。

（5）在开发阶段，当热重载时，会调用 reassemble()方法，以便重新让在 initState 初始化的值再初始化一次。

（6）当组件配置更改时调用 didUpdateWidget()方法，框架总是在调用 didUpdateWidget()方法之后调用 build()方法，以重构组件。

（7）当包含状态对象的组件从组件树中移除后，会调用 deactivate()方法。如果该组件被移除后，未被插入其他位置，则会继续调用 dispose()方法以便永久移除。

（8）框架调用 dispose()方法后，State 对象应不再和组件有联系，它的属性应考虑为空，以释放资源。这是生命周期的终点，这时不应再调用 setState()方法重构组件。

调用build()方法有多种方式,也就是使界面发生改变的方法有很多种。在实际开发中,可以多次调用setState()方法来使界面发生改变,也就是框架多次调用build()方法,以使界面重构。

在下面的例子中,使用有状态组件,完成ToggleButtons切换按钮的单击选中功能。

6.4 ToggleButtons 切换按钮

ToggleButtons表示一系列切换按钮的集合,下面的代码示例表示从中选择一个或多个切换按钮,如图6-4所示,可以使用st快捷方式快速生成IconButtonDemo有状态类。

图 6-4　切换按钮的选择

```
//第 6 章 6.3 以 ToggleButtons 为例讲解有状态组件的含义
class IconButtonDemo extends StatefulWidget {                              //(1)
  const IconButtonDemo({Key? key}) : super(key: key);

  @override
  _IconButtonDemoState createState() => _IconButtonDemoState();
}

class _IconButtonDemoState extends State<IconButtonDemo> {
  List<bool> iconSelected = [false, false, false];                         //(2)
  @override
  Widget build(BuildContext context) {
    return Scaffold(
      appBar: AppBar(
        title: Text('button demo'),
      ),
      body: Center(
        child: ToggleButtons(                                              //(3)
          children: <Widget>[
            Icon(Icons.wb_sunny),
            Icon(Icons.brightness_2),
            Icon(Icons.star),
          ],
          onPressed: (int index) {                                         //(4)
            setState(() {                                                  //(5)
              isSelected[index] = !isSelected[index];                      //(6)
            });
          },
```

```
            isSelected: iconSelected,                                    //(7)
            selectedColor: Colors.red,                                   //(8)
          ),
        ),
      );
    }
  },
```

由于要动态地更改界面信息，所以上面的内容要放在有状态组件中。

上面关键标记代码的含义分别如下：

（1）表示继承了有状态组件。

（2）表示定义一个变量数组 isSelected。

（3）表示定义了切换按钮集合，里面包含 3 个切换按钮，它们的值由标记为 6 的 isSelected 属性中的值 iconSelected 布尔变量数组决定。如果对应的值为 false，则图标处于未选中状态。

（4）表示单击事件 onPressed，可以实现单击每个图标事件，单击哪一个图标，会在事件中传入对应的 index 值。

（5）表示调用 setState() 方法，以产生界面的变化。如果没有 setState() 方法调用，则单击事件不会产生界面外观的选中变化。可以注释掉 setState 语句，以对比观察效果。

（6）表示当单击某一个图标时，修改对应数组中的布尔值，表示这个图标处于选中或未选中状态。

（7）表示 iconSelected 数组中的值决定图标处于选中或未选中状态。

（8）表示当图标处于选中状态时，颜色为红色。

6.5 状态类中的生命周期变化

可以在上述的状态类中加入 reassemble()、initState()、didUpdateWidget()、didChangeDependencies()、dispose() 等方法，观察状态类中的生命周期变化，代码如下：

```
//第 6 章 6.4 有状态组件中的状态类的生命周期
class _IconButtonDemoState extends State<IconButtonDemo> {
  List<bool> isSelected = [false, false, false];
  @override
  void reassemble() {
    print('reassemble');
    super.reassemble();
  }

  @override
```

```dart
void initState() {
  print('initState');
  super.initState();
}

@override
void didUpdateWidget(covariant IconButtonDemo oldWidget) {
  print('didUpdateWidget');
  super.didUpdateWidget(oldWidget);
}

@override
void didChangeDependencies() {
  print('didChangeDependencies');
  super.didChangeDependencies();
}

@override
Widget build(BuildContext context) {
  print('build');
  //省略 build()方法中的代码
  ...
}

@override
void dispose() {
  print('dispose');
  super.dispose();
}
}
```

当应用在开始启动过程中，输出的信息如下：

```
I/flutter (13929): initState
I/flutter (13929): didChangeDependencies
I/flutter (13929): build
```

当单击 Hot Reload ⚡ 热启动图标或修改代码内容时，显示的信息如下：

```
I/flutter (13929): reassemble
I/flutter (13929): didUpdateWidget
I/flutter (13929): build
```

可以根据状态类的生命周期，分析上述程序的执行顺序，可以看出由于内部状态的变化，所以 build()方法会被多次执行。dispose()方法会在资源销毁时执行。

第 7 章 Flutter 样式

本章主要讲解 Flutter 框架中的 Text 文本样式、Container 容器的修饰、主题的使用、国际化、字体的引入和屏幕适配等内容。

57min

7.1 Text 文本样式修饰

文本可以通过属性来定义文本的显示方式,但是更为详细的设置(如字体的类型或设置黑体、斜体、字号的大小、字体的颜色,字体的间距等)则需要通过文本样式设置。文本中的常用属性设置见表 7-1。

表 7-1 文本的常用属性

locale	根据区域设置的不同,选择不同的字体
maxLines	文本所占的最大行数
softWrap	是否应在软换行处换行
style	对字体的样式设置
textAlign	文本的水平对齐方式,如 TextAlign.center。可以包含居中、左、右、开始、结束等对齐方式
semanticsLabel	此文本的替代语义标签
textDirection	文本的显示方向,默认为从左到右,也可以设置 TextDirection.rtl,方向为从右到左
textHeightBehavior	定义段落如何将 TextStyle.height 应用于第一行的上升和最后一行的下降
textScaleFactor	文本放大倍数
overflow	文本内容溢出管理,内容为 TextOverflow.ellipsis,如果超出,则以"…"显示

对溢出进行管理的 TextOverflow 通常其他的属性常量也可以使用,clip 表示剪切掉多余的内容,fade 表示将溢出的文本淡入透明状态,visible 表示渲染容器外溢出的文本。

规定内容最多只能显示两行,多余的内容会溢出,多余的内容将以"…"代替,代码如下:

```
Text(
    '人与人之间无论相聚多久,最后的结局都是别离.不是死别,就是生离.',
    overflow: TextOverflow.ellipsis,
```

```
            maxLines: 2,
)
```

显示的效果如图 7-1 所示。

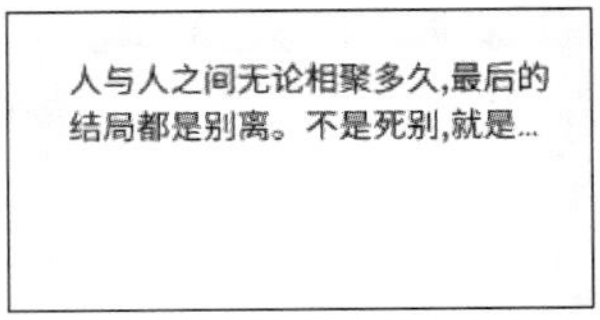

对字体的更详细的设置，一般在 style 属性中通过 TextStyle 设置，TextStyle 可以对字体设置粗体、斜体或下画线，也可以使用透明度或颜色渐变进行设置，还可对字体的大小和行高等内容进行样式设置。类似于 Word 软件中的字体和段落中的功能。文本样式 TextStyle 的常用属性见表 7-2。

图 7-1　文本的简单显示

表 7-2　文本样式 **TextStyle** 的常用属性

background	设置文本的背景色，一般用于颜色样式的统一调用
backgroundColor	设置文本的背景色，不能与 background 同时使用
color	设置文本颜色
decoration	使用 TextDecoration 的常量进行修饰，lineThrough 表示在文本中加入删除线、overline 表示在每行上方画一条线、underline 表示在每行的下方画一条线
decorationStyle	字体中修饰线的样式，使用 TextDecorationStyle 的常量进行修饰，dashed 表示线虚线、dotted 表示点虚线、double 表示双虚线、solid 表示实线、wavy 表示正弦曲线，wavy 表示波浪线
fontFamily	使用的字体
fontSize	字体的大小，在绘制过程中，fontSize 将乘以当前的 textScaleFactor，以便通过增加文本大小使用户更容易阅读文本
fontWeight	定义字体显示的厚度，例如使用 FontWeight 的 bold 常量值表示粗体，从常量值 w100～w900 表示字体的厚度从浅到深
height	文本跨度的高度
letterSpacing	字母间的距离
overflow	文本溢出管理
shadows	文本阴影效果
wordSpacing	单词间的距离

带有行高的字体，字体行与行之间的距离比平常大一些，如图 7-2 所示。

```
Text(
        '有困难的时候找朋友,绝不是一件丢人的事。',
        style: TextStyle(height: 2, fontSize: 20),
```

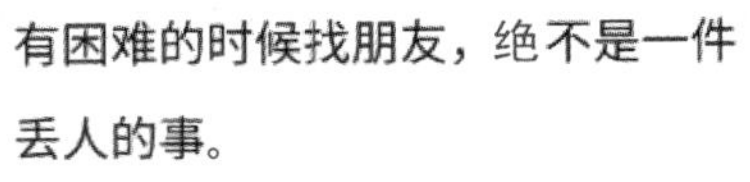

图 7-2　行高的设置

带有空心边框的字体，主要应用了文本样式中的 foreground 属性，它又通过 Paint 类的相关属性实现。其中 PaintingStyle.stroke 表示绘制边框的边界，strokeWidth 表示设置边界的宽度，代码如下：

```
//第7章 7.1 Text 文本组件中的样式 - 空心字体
Text(
        '多情剑客无情剑!',
        style: TextStyle(
          fontSize: 30,
          foreground: Paint()      //通过 Paint 类绘制字体的样式
            ..style = PaintingStyle.stroke
            ..strokeWidth = 2
            ..color = Colors.red[500]!,
        ),
      ),
```

运行效果如图 7-3 所示。

图 7-3 带有空心边框的字体

字体的渐变效果可以利用 Gradient 类对字体或图片设置渐变效果。Gradient 类有线性 Gradient.linear、放射状 Gradient.radial、扫描状 Gradient.sweep 等渐变效果。放射状渐变效果创建以中心为中心的径向渐变，该渐变以距离中心的半径距离结束，代码如下：

```
//第7章 7.2 Text 文本组件中的样式——颜色的渐变
import 'dart:ui' as ui;
...
Text(
        '突然发现自己所要寻找的东西,又像是迷雾中迷失的航船!',
        style: TextStyle(
          fontSize: 40,
          foreground: Paint()
            ..shader = ui.Gradient.radial(
              Offset(0, 100),           //距离中心偏离的位置
              350,                      //半径
<Color>[Colors.red,Colors.yellow],     //起始颜色,终止颜色
              [0.6, 0.8],               //开始渐变位置,结束渐变位置
            ),
        ),
      ),
```

显示的效果如图 7-4 所示。

也可以通过 Text.rich 构造方法,在段落中对不同的内容设置不同的样式,代码如下:

```
//第 7 章 7.3 Text 文本组件中的样式——段落中的不同内容的不同样式
Text.rich(
        TextSpan(
            text: '人与人之间无论相聚多久',                        //默认样式
            children: <TextSpan>[
              TextSpan(
                  text: '最后的结局都是别离 ',                     //斜体样式
                  style: TextStyle(fontStyle: FontStyle.italic)),
              TextSpan(
                  text: '不是死别,就是生离',                      //粗体样式
                  style: TextStyle(fontWeight: FontWeight.bold)),
            ],
        ),
)
```

显示的效果如图 7-5 所示。

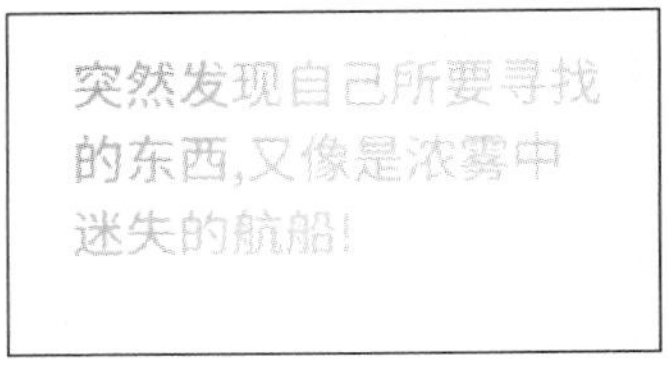

图 7-4 文本的渐变效果 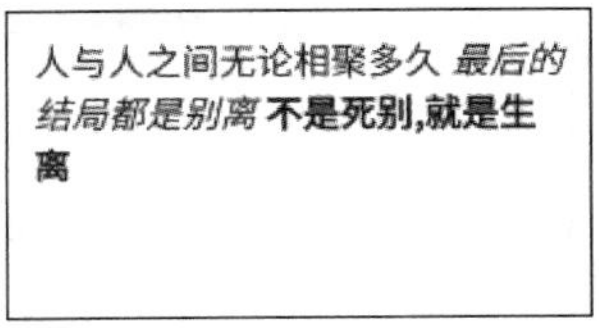   图 7-5 Text.rich 的显示效果

7.2 Container 容器修饰类的用法

对容器的修饰常用的方式分为盒子修饰 BoxDecoration 和形状修饰 ShapeDecoration。当使用修饰时,不能再用容器中相同的属性,如颜色属性,否则会报异常。

7.2.1 形状修饰 ShapeDecoration

形状修饰 ShapeDecoration 可以对组件外观添加背景颜色和背景图片。如果已在 decoration 属性里面设置了背景颜色,则不用再在组件的属性中设置颜色,否则会报错。可以通过 ShapeDecoration 实现边框、阴影和背景的渐变等不同的效果。

形状修饰中对边框修饰的实现通过 OutlinedBorder 的子类实现,通常使用 ShapeDecoration 类绘制边界,见表 7-3。

表 7-3 容器组件 ShapeDecoration 的 shape 属性及用法

组件及含义	关 键 代 码	显 示 效 果

BeveledRectangleBorder
有扁平或"斜角"的矩形边框
borderRadius 代表边框半径
	decoration: ShapeDecoration(
	  shape: BeveledRectangleBorder(
	    side: BorderSide.none,
	borderRadius: BorderRadius.circular(20),),
	color: Colors.pink,
	),	

CircleBorder
圆形的边框,应用于矩形空间时,边框将在矩形的中心绘制
	decoration: ShapeDecoration(
	  shape:
	CircleBorder(side: BorderSide.none),
	  color: Colors.red,
	),	

ContinuousRectangleBorder
在直边和圆角之间具有平滑连续过渡的矩形边框,比 RoundedRectangleBorder 过渡得更平滑些
	decoration: ShapeDecoration(
	shape: ContinuousRectangleBorder(
	    borderRadius: BorderRadius.circular(28.0),
	    ),
	  color: Colors.yellow,
	),	

RoundedRectangleBorder
实现有圆角的矩形边框
	decoration: ShapeDecoration(
	  shape: RoundedRectangleBorder(
	    side: BorderSide.none,
	    borderRadius: BorderRadius.circular(20),
	    ),
	  color: Colors.green,
	),	

StadiumBorder
实现两端带有半圆的方框
	decoration: ShapeDecoration(
	  shape:
	StadiumBorder(side: BorderSide.none),
	  color: Colors.red,
	),	

表 7-3 中的边框实现方式类似,都是通过窗口类的 decoration 属性实现修饰的。下面以 RoundedRectangleBorder 为例实现边框的样式,代码如下:

```
//第 7 章 7.4 Container 容器组件中的边框修饰
import 'package:flutter/material.dart';
import 'package:flutter/rendering.dart';                    //导入渲染包

class RoundedRectangleBorderDemo extends StatelessWidget {
  const RoundedRectangleBorderDemo({Key? key}) : super(key: key);
```

```dart
@override
Widget build(BuildContext context) {
  return Scaffold(
    appBar: AppBar(
      title: Text('RoundedRectangleBorder'),
    ),
    body: Center(
      child: Container(
        width: 200,
        height: 100,
        decoration: ShapeDecoration(
          shape: RoundedRectangleBorder(
            side: BorderSide(
              color: Color(0xFF00FFFF),          //边框的颜色
              width: 5,                           //边框的宽度
              style: BorderStyle.solid,           //边框的线条种类,此处为实线
            ),
            borderRadius: BorderRadius.circular(20),   //边框圆角半径
          ),
          color: Colors.green,
        ),
      ),
    ),
  );
}
```

图7-6 显示带边框的圆角矩形

显示的效果为圆角的矩形边框。其他边框的显示用法与此类似,将decoration属性中的值替换成其他相应的内容就可以实现相应的显示效果。RoundedRectangleBorder圆角显示效果如图7-6所示。

在使用ShapeDecoration进行修饰时,也可以使用shape属性的Border.all对容器加上3种颜色的边框。以下示例使用容器组件绘制一个带有红、绿、蓝多色轮廓的灰色矩形,其中包含文本"红、绿、蓝三色边框",其中的"＋"表示了3条边框的累加,关键代码如下:

```dart
//第7章 7.5 Container容器组件中的多个边框
Container(
    decoration: ShapeDecoration(
        color: Colors.grey,
        shape: Border.all(
            color: Colors.red,
```

```
        width: 6,
      ) +                    //通过加号实现边框的累加
      Border.all(
        color: Colors.green,
        width: 6,
      ) +
      Border.all(
        color: Colors.blue,
        width: 6,
      ),
  ),
  child: const Text('红、绿、蓝三色边框', textAlign: TextAlign.center),
),
```

图 7-7　容器外部 3 种颜色的边框

渐变的实现可通过 gradient 属性实现,代码如下:

```
//第 7 章 7.6 Container 容器组件中的修饰——线性渐变效果
Container(
      width: 200,
      height: 100,
      decoration: ShapeDecoration(
        shape: ContinuousRectangleBorder(
          borderRadius: BorderRadius.circular(28.0),
        ),
        gradient: const LinearGradient(
          begin: Alignment.topLeft,
          end: Alignment(0.8, 0.0),
          colors: const < Color >[
            Color(0xffee0000),
            Color(0xffeeee00)
          ],
        ),
      ),
),
```

上面实现的为 LinearGradient 线性渐变,begin 代码为渐变的起始位置,此处为左上角,end 表示结束位置,在中间偏右 0.8 处,colors 代表颜色的变化种类,从一种颜色渐变到另一种颜色,如图 7-8(a)所示。

其他的圆形渐变 RadialGradient 和扫描渐变 SweepGradient 类背景图像与此类似，正常的圆形渐变有一个中心和一个半径，中心点对应于 0.0，距离中心半径处的环对应于 1.0。实现的效果如图 7-8(b)所示，代码如下：

```
//第 7 章 7.7 Container 容器组件中的修饰——圆形渐变效果
gradient: RadialGradient(
        center: Alignment(0.6, -0.6),           //表示圆所在的位置
        radius: 0.2,                             //圆的半径
        colors: <Color>[                         //渐变中颜色的种类
          Color(0xFFFFFF00),
          Color(0xFF0099FF),
        ],
        stops: <double>[0.4, 1.0],              //渐变的起始和结束位置
        ),
```

SweepGradient 扫描渐变包含一个中心、一个开始角度和一个结束角度。开始角度对应于 0.0，结束角度对应于 1.0，这些角度以弧度表示。颜色由颜色对象列表提供，必须至少有两种颜色。如果指定，则 stops 属性中的列表长度必须与颜色相同。它为每种颜色指定从开始到结束的向量分数，介于 0.0~1.0。实现的效果如图 7-8(c)所示，代码如下：

```
//第 7 章 7.8 Container 容器组件中的修饰——扫描渐变效果
gradient: SweepGradient(
        center: FractionalOffset.center,         //扫描渐变位置
        startAngle: 0.0,                          //开始渐变角度
        endAngle: math.pi * 2,                    //结束渐变角度
        colors: <Color>[                          //渐变颜色种类
          Color(0xFF00ff00),                      //绿色
          Color(0xFF0000ff),                      //蓝色
          Color(0xFFff0000),                      //红色
          Color(0xFF00ff00),                      //绿色
        ],
        stops: <double>[0.0, 0.35, 0.65, 1.0],   //渐变中各种颜色的分配值
        ),
```

上述 3 种渐变的效果如图 7-8 所示。

上面的内容也可以组合在一起进行使用。ShapeDecoration 形状修饰类提供了一种绘制边界的方法，可以选择使用颜色或渐变填充它，也可以选择在其中绘制图像，还可以选择投射阴影，代码如下：

```
//第 7 章 7.9 Container 容器组件中的修饰——有阴影的边框
Container(
           decoration: ShapeDecoration(
             color: Colors.white,                //容器颜色
```

图 7-8 渐变显示效果

```
            shape: Border.all(              //对所有边框使用下面的样式
              color: Colors.yellow,         //边框颜色
              width: 8.0,                   //边框宽度
            ),
            shadows: <BoxShadow>[
              BoxShadow(
                blurRadius: 30,             //阴影扩散半径
                color: Colors.red,          //阴影颜色
              ),
            ],
          ),
          child: const Text('有阴影的效果', textAlign: TextAlign.center),
        ),
```

运行后会显示有阴影的边框效果，如图 7-9 所示。

图 7-9 有阴影效果的容器

7.2.2 盒子修饰 BoxDecoration

与形状修饰类似,盒子修饰 BoxDecoration 是专门针对长方体进行优化的组件,BoxDecoration 类提供了多种绘制长方体的方法,长方体有边框和主体,也可能有阴影效果。长方体的形状可能是圆形或矩形。如果是矩形,则通过 borderRadius 控制圆角半径,在绘制过程中,最底层是颜色,上边是渐变效果,最后是图像的显示。图像的精确控制是由 DecorationImage 类实现的。边框的绘制在主体之上,阴影在主体之下绘制,如图 7-10 所示。

```
//第 7 章 7.10 Container 容器组件中的盒子修饰
body: Center(
    child: Container(
      width: 100,
      height: 100,
      decoration: BoxDecoration(
        image: const DecorationImage(          //添加图片效果
          image: AssetImage('images/head.png'),
          fit: BoxFit.cover,
        ),
        border: Border.all(                    //边框的颜色和宽度设置
          color: Colors.yellow,
          width: 2,
        ),
        borderRadius: BorderRadius.circular(50),  //边框半径
        boxShadow: [                           //边框阴影效果,红色,阴影扩散半径为 30
          BoxShadow(color: Colors.red, blurRadius: 30)],
      ),
    ),
  ),
```

图 7-10　容器的圆形效果

也可以使用 ClipOval 组件以椭圆形剪辑其子对象,或者使用 CircleAvatar 组件绘制圆形图像。其他类似的组件还有以下几种:

(1) PhysicalModel,该物理层将其子对象剪辑为形状,主要的功能就是设置 widget 四边圆角,可以设置阴影颜色等。

(2) 剪裁成圆角矩形 ClipRRect、使用路径剪裁其子对象 ClipPath、剪裁成矩形 ClipRect 和 PhysicalModel 的区别在于不能设置 z 轴和阴影,其他效果跟 PhysicalModel 基本一致。

(3) PhysicalShape 可以通过 clipper 方式自定义裁切方式,使用形式更加多样化。

7.3 字体的应用

可以在工程中引入自己想要的字体,步骤如下:
第 1 步,在工程中新建文件夹 fonts,并将字库文件 fzkt 复制到文件夹中。
第 2 步,在 pubspec.yaml 文件中加入字体的声明,格式如图 7-11 所示。
第 3 步,将 fzkt 字体应用于组件中,代码如下:

```
Text(
      '友情必然要经得起时间的考验,爱情却往往在一瞬间发生',
      style: TextStyle(fontFamily: 'fzkt'),
```

显示效果如图 7-12 所示。

图 7-11　在 pubspec.yaml 文件中声明字体　　　图 7-12　自定义字体的显示

7.4 主题的使用

在 Flutter 应用系统中,统一的样式会给用户更好的一致外观体验。MaterialApp 定义了符合 Material Design 设计理念的组件,包含路由、主题、标题等内容。其中 theme 主题属性中的 ThemeData 类可以自定义全局性的系统颜色、样式等,ThemeData 中的属性较多,常用属性示例见表 7-4。

表 7-4　ThemeData 常用属性和方法

属性	说明
primarySwatch	MaterialColor 材质颜色,是应用系统整个背景色设置的主色调
brightness	应用整体主题的亮度选择。通常应用 Brightness.light 或 dark 值
primaryColor	顶部工具栏、选项卡等区域背景色的设置
cardColor	Card 组件的背景色的设置
cardTheme	Card 组件颜色和样式的设置
backgroundColor	和 primaryColor 形成对比的颜色,例如进度条剩下的部分的颜色
copyWith	方法名,使用 copyWith()操作来指定某种颜色并复制其他属性 Theme.of(context).copyWith(primaryColor: Colors.green)

系统以蓝色为主色调背景,并且文本被选中的颜色为红色,代码如下:

```dart
//第 7 章 7.11 主题的使用
class ThemeDemoApp extends StatelessWidget {
  @override
  Widget build(BuildContext context) {
    return MaterialApp(
      title: 'Theme Demo',
      theme: ThemeData(
        primarySwatch: Colors.blue,
        textSelectionColor: Colors.red
      ),
      home: HomePage(),
    );
  }
}
```

也可以自定义主题样式，并在系统中应用它，例如可以新建文件 mytheme.dart，代码如下：

```dart
//第 7 章 7.12 自定义主题样式
final lightTheme = ThemeData(
primarySwatch: Colors.lightGreen,
primaryColor: Colors.lightGreen.shade600,
accentColor: Colors.orangeAccent.shade400,
primaryColorBrightness: Brightness.dark,
cardColor: Colors.lightGreen.shade100,
);
```

在主程序入口处，可以使用上述定义的样式，即将 MaterialApp 属性的值修改为 theme: lightTheme。

另外，也可以从系统主题中得到样式，并在组件中应用主题样式，代码如下：

```dart
final titleStyle = Theme.of(context).textTheme.headline6;
…
Text(
  '标题的显示',
  style: titleStyle,
),
```

可以通过第三方插件 provider 等状态管理类实现单击选项，选择不同的界面主题环境。

7.5 国际化

我们可以使用 intl 包处理国际化/本地化消息、日期及数字格式设置和解析、双向文本，以及其他国际化等问题。操作步骤如下：

第 1 步,在 pubspec.yaml 文件中导入 intl 和 flutter_localizations 第三方包,并启用 generate 标志,如图 7-13 所示。

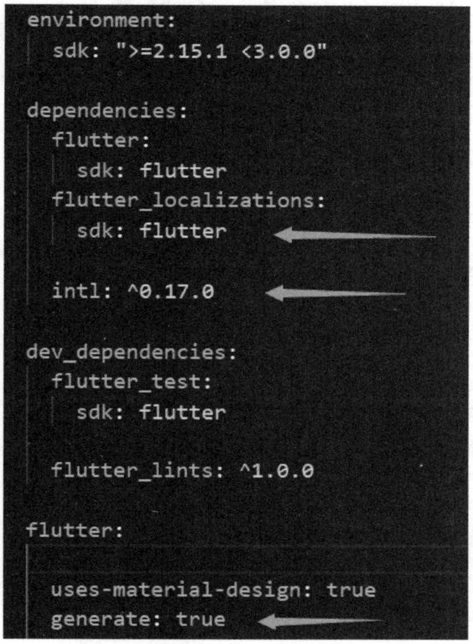

图 7-13 国际化中插件的引入

第 2 步,在 lib 文件夹中新建文件夹 l10n,并在其中创建 app_en.arb 和 app_zh.arb 文件,里面包含了中英文相对应的内容,格式为 JSON 类型,如图 7-14 所示。

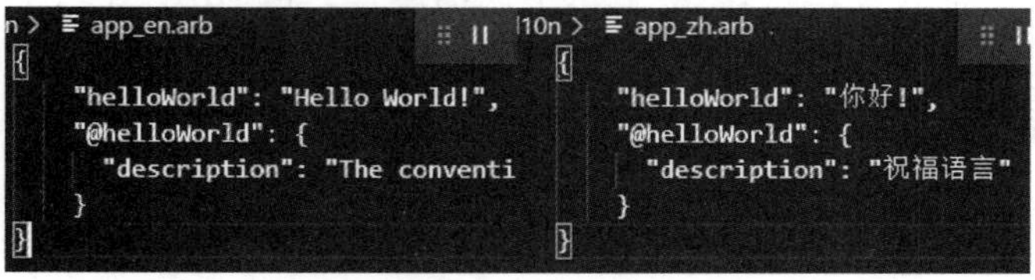

图 7-14 国际化文件的内容

第 3 步,在 Flutter 项目的根目录中添加 l10n.yaml 文件,代码如下:

```
arb-dir: lib/l10n
template-arb-file: app_en.arb
output-localization-file: app_localizations.dart
```

启动应用程序,这时在 ${FLUTTER_PROJECT}/.dart_tool/flutter_gen/gen_l10n 中可以看到生成的文件,在下一步中将要用到生成的文件。

第 4 步,在主程序 MaterialApp 中,添加下面的代码:

```
//第 7 章 7.13 Flutter 应用的国际化
//要导入的包
import 'package:flutter/material.dart';
import 'package:flutter_gen/gen_l10n/app_localizations.dart';
import 'package:flutter_localizations/flutter_localizations.dart';

…

return MaterialApp(
    title: 'Flutter Demo',
    localizationsDelegates: [              //本地化应用的代理
    AppLocalizations.delegate,             //应用程序本地化代理
    GlobalMaterialLocalizations.delegate,  // 全局材质组件的本地化代理
    GlobalWidgetsLocalizations.delegate,   // 全局组件本地化代理
        ],
    supportedLocales: [
    Locale('en', 'US'),
    Locale('zh', 'CN'),
        ],
        home: MyHomePage(),
    );
```

第 5 步,在程序中引用需要字体变换的代码,实现在不同的语言环境下显示不同的内容,代码如下:

```
AppLocalizations.of(context)!.helloWorld
```

更改应用系统的语言环境后,将会显示不同的字体,如在中文环境下显示中文,在英文环境下显示英语。也可以通过第三方插件 provider 状态管理类等实现单击不同选项,实现选择不同的语言环境。

第 8 章　Flutter 布局

这一章主要介绍 Flutter 框架基于页面布局相关的组件，如 Padding、Margin、Align、Center、Flex、Expanded、Row、Column、Scrollbar、Flexible、Space 等，并介绍屏幕尺寸的获取及屏幕适配。上面组件的内容看起来很多，但是有过网页编程基础或有前端开发经验的读者应不会陌生。

8.1　Padding 内边距的用法

Padding 指的是内边距，指这个组件里面的子组件距离边界的距离。可以当作一个单独的 Padding 组件使用，也可以通过其他组件的 padding 属性实现效果。距离的设置常用 EdgeInsets 组件实现，常见的用法如下：

```
const EdgeInsets.all(8.0)                         //上、下、左、右距离边界的距离都为 8
const EdgeInsets.symmetric(vertical: 10.0)        //上、下距离边界的距离都为 10
const EdgeInsets.only(left: 40.0)                 //仅将左边距离边界的距离设置为 40
EdgeInsets.fromLTRB(left, top, right, bottom)     //从左、上、右、下依次设置距离
```

8.2　Margin 外边距的用法

Margin 指的是外边距，指这个组件距离边界的距离。和 Padding 类似，可以单独作为一个 Margin 组件使用，也可以通过其他组件的 margin 属性实现效果。

8.3　Align 对齐方式的用法

Align 指的是子组件相对于父组件的对齐方式，如果作为属性使用，则通过 alignment 属性实现。alignment 属性对应的类为 Alignment，Alignment 类的常量值见表 8-1。

表 8-1　Align 对齐方式中常用的常量值

常 量 名 称	常 量 含 义
bottomCenter	底部居中,也可通过 Alignment(0,1)实现
bottomLeft	底部偏左,类似 Alignment(-1,1)
bottomRight	底部偏右,类似 Alignment(1,1)
center	居中,类似 Alignment(0,0)
centerLeft	中部偏左,类似 Alignment(-1,0)
centerRight	中部偏右,类似 Alignment(1,0)
topCenter	上部居中,类似 Alignment(0,-1)
topLeft	上部偏左,类似 Alignment(-1,-1)
topRight	上部偏右,类似 Alignment(1,-1)

Alignment 组件中的位置类似于直角坐标系,如果坐标为(0,0),则表示居中,左上角为(-1,-1),右下角的位置则为(1,1)。通过坐标值的设置可以实现更精细的位置,如(0,0.5)则表示屏幕的中心偏下一半的位置,如图 8-1 所示。

如图 8-2 所示的容器中包含图像,通过容器组件设置内边距、外边距,以此实现显示图像。

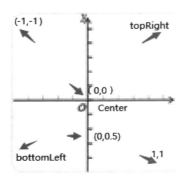

图 8-1　Align 对齐方式

图 8-2　内、外边距的实现效果

代码如下:

```
//第 8 章 8.1 内外边距的实现
body: Container(
color: Colors.red,
margin: EdgeInsets.only(left: 100, right: 50, bottom: 200, top: 10),     //1
  padding: EdgeInsets.symmetric(horizontal: 60),                         //2
    //alignment: Alignment.center,
    child: Center(
```

```
            widthFactor: 2,                          //宽度比率为2
            child: Image.asset(
'images/5.png',
                width: 100,
                height: 100,
                fit: BoxFit.fill,
            ),
        ),
    ),
```

在上述代码中,标记 1 表示左边距为 100,右边距为 50,下边距为 200,顶部为 10。标记 2 则表示水平距离左右都为 60。alignment:Alignment.center 表示设置子组件居中显示。

8.4 Center 居中组件的用法

Center 表明组件在中间的位置。常用的属性 widthFactor:如果非空,则将其宽度设置为子组件的宽度乘以此因子。例如,如果 widthFactor 为 2.0,则这个组件的宽度总是其子组件宽度的两倍,这时 Center 中子组件的宽度会影响 Center 父组件的宽度,代码如下:

```
//第 8 章 8.2 容器中的居中
Container(
        color: Colors.red,
        margin: EdgeInsets.all(30),
        padding: EdgeInsets.all(10),
        //alignment: Alignment.center,
        child: Center(
          widthFactor: 2,//设置宽度比率
          child: Image.asset(
            'images/5.png',
            width: 100,
            height: 100,
            fit: BoxFit.fill,
          ),
        ),
    )
```

由于在 Center 组件中使用了 widthFactor:2,当图片的宽度为 100 时,则容器的宽度限制为 200,如图 8-3 所示。

heightFactor 属性的用法与 widthFactor 类似,表示高度的比率值。

图 8-3　Center 组件的使用

8.5　Expanded 扩展组件的使用

Expanded 组件表示如何使用剩下的空间。一般和 Row、Column 和 Flex 组件配合使用。如果并排(行)排列的多个子对象使用 Expanded 组件,则将根据 flex 属性的值的比率在它们之间进行划分可用空间。

8.6　Flexible 的使用

和 Expanded 类似,Flexible 组件表示如何使用剩下的空间。一般和 Row、Column 和 Flex 组件配合使用,但是,与 Expanded 不同的是 Flexible 不会占用全部剩余空间。

8.7　Flex 的使用

Flex 组件以一维数组显示其子组件,可以沿着水平或垂直方向排列子组件,Row 和 Column 都是 Flex 的子组件。Flex 一般与 Expanded 配合使用,也可按比例分配空间。Flex 常用的属性有 direction,表示组件布局的方向,代码如下:

```
//第 8 章 8.3 按比例分配空间
Flex(
        direction: Axis.horizontal,
```

```
        children: [
          Expanded(
            flex: 2,
            child: Container(
              color: Colors.white60,
            ),
          ),
          Expanded(
            flex: 1,
            child: Container(
              color: Colors.yellow,
            ),
          ),
        ],
      ),
```

flex 属性中的数字分别为 2 和 1,表示左边分配的空间比例为 2,右边分配的空间的比例为 1,效果如图 8-4 所示。

图 8-4　Flex 布局

8.8　Row 行组件的使用

在行组件中,一行可以放置多个子组件,横向表示主轴方向,竖向表示交叉轴方向,如图 8-5 所示。常用的属性如下:

(1) mainAxisAlignment 表示在一行中,在主轴方向多个子组件的排列方式。

(2) crossAxisAlignment 属性表示在交叉轴方向子组件的位置,常用的值有 baseline 基于基线位置、center 居中显示、end 居于交叉轴的结束位置、start 居于交叉轴的开始位置、

stretch 拉伸以填充整个交叉轴方向。

（3）mainAxisSize 属性表示在分配完子组件后，根据传入布局约束（根据松布局 FlexFit.loose 还是紧布局 FlexFit.tight）最大化或最小化使用剩余可用空间。

图 8-5　行组件布局中的两个方向

四个容器组件，其中 MainAxisAlignment.spaceAround 表示在各个子组件之间均匀地分配空间，但在第 1 个之前和最后一个之后所占空间减少一半，另外也可以实现行中多个组件的其他排列布局，它们的排列方式和占用空间不一样，代码如下：

```
//第 8 章 8.4 行组件的使用
child: Row(
          mainAxisAlignment: MainAxisAlignment.spaceAround,//组件排列方式
          children: [
            Container(
              color: Colors.blue,
              width: 100,
            ),
            Container(
              color: Colors.red,
              width: 100,
            ),
            Container(
              color: Colors.green,
              width: 100,
            ),
            Container(
              color: Colors.yellow,
              width: 100,
            ),
          ],
        ),
```

运行效果如图 8-6 所示。

其他的 mainAxisAlignment 属性中值的含义如下：

（1）MainAxisAlignment.start 表示组件以开始位置为起始位置，依次排列。

（2）MainAxisAlignment.end 表示组件以结束位置为对齐方式，依次排列。

图 8-6　组件的对齐方式

（3）MainAxisAlignment.center 表示各个组件居中排列显示。

（4）MainAxisAlignment.spaceBetween 表示将空闲空间均匀地置于组件之间。

（5）MainAxisAlignment.spaceEvenly 表示在空间中均匀放置组件，各个组件的左右空间一样。

在图 8-7 所示的行布局中，由于在同一行中包括文本和图标信息，加起来的组件宽度超过了总的宽度，所以发生了溢出的情况，如图 8-7 右边的提示。

可以通过 Expanded 组件来灵活地占用剩余的空间，以防止溢出，代码如下：

图 8-7　文本溢出

```
//第8章 8.5 行组件的使用——溢出的处理
Row(
   children: <Widget>[
      const FlutterLogo(),
      const Expanded(
        child: Text( "我想,穿着母亲亲手缝制的衣裳,无论游子走多远,离开家有多久,只要一想起远方的家,有老母亲在等待着他回来,他都会感到一份安心、一份踏实。"),
      ),
      const Icon(
         Icons.star,
         color: Colors.red,
      ),
   ],
),
```

8.9　Column 列组件的使用

列组件的使用与行组件的使用类似，在此不再赘述。

8.10　Spacer 组件的使用

Spacer 组件用于创建一个可调的空白空间，可用于调整 Flex 容器（如行或列）中组件之间的间距，代码如下：

```
//第 8 章 8.6 Spacer 的使用
Row(
        children: const <Widget>[
          Text('开始'),
          Spacer(), //默认值为 1,相当于 Spacer(flex: 1)
          Text('中间'),
          //Gives twice the space between Middle and End than Begin and Middle.
          Spacer(flex: 2),
          Text('结尾'),
        ],
)
```

在开始和中间的部分留有空白，但是由于使用了 Spacer(flex：2)，所以第 2 个空白是第 1 个空白的两倍，如图 8-8 所示。在实际使用中，Text 可以被其他组件所替换，以实现更丰富的界面效果。

图 8-8　Space 组件空白的占用

8.11　SingleChildScrollView

在实际项目开发中，经常会遇到手机屏幕页面内容过多，导致手机一屏显示不完的情况。在 Flutter 中，如果内容过多，就会溢出屏幕的边界，系统会给我们一个 OVERFLOWED 溢出的警告提示，我们可以使用 SingleChildScrollView 来处理此类问题。通过 SingleChildScrollView 实现滚动来显示更多的内容，滚动方向默认为垂直方向。

值得注意的是，通常 SingleChildScrollView 只应在期望的内容不会超过屏幕太多时使用，这是因为 SingleChildScrollView 不支持基于 Sliver 的延迟实例化模式，如果包含超出屏幕尺寸太多的内容，则使用 SingleChildScrollView 将会导致性能差的问题，此时应该使用一些支持 Sliver 延迟加载的可滚动组件，如 ListView 和 GridView。

基于 Sliver 的延迟构建模式：

通常可滚动组件由多个组件组成，占用的总长度会非常大，如果要一次性将子组件全部构建，则将会导致性能问题。为此，Flutter 中提出一个 Sliver（中文为"薄片"的意思）概念。如果一个可滚动组件支持 Sliver 模型，则该滚动组件可以将子组件当成多个薄片（Sliver），只有当 Sliver 出现在屏幕中时才会去构建它，这种模型也称为"基于 Sliver 的延迟构建模型"。可滚动组件中支持基于 Sliver 的延迟构建模型，如 ListView、GridView 等列表组件。

另外，SingleChildScrollView 可滚动组件也可以解决内容过多导致内容溢出了屏幕的问题，如图 8-9 所示。

图 8-9　内容过多导致溢出屏幕

```
//第 8 章 8.7 使用 SingleChildScrollView 解决溢出的问题
body: SingleChildScrollView(    //解决由于竖直内容过多或高度不够,而导致的溢出问题
    child: Center(
      child: Container(
        padding: EdgeInsets.all(10),
        color: Colors.black12,
        width: 300,
        child: Column(
          mainAxisAlignment: MainAxisAlignment.spaceAround,
          crossAxisAlignment: CrossAxisAlignment.center,
          children: [
            Container(
              height: 260,
              color: Colors.blue,
              width: 180,
            ),
            Container(
              height: 260,
              color: Colors.red,
              width: 180,
            ),
            Container(
              height: 260,
              color: Colors.green,
              width: 180,
            ),
          ],
        ),
      ),
    ),
),
```

可以删除或增加上面的 SingleChildScrollView 组件,对比观察屏幕中内容显示的区别。

8.12 屏幕尺寸的获取

屏幕尺寸的获取有以下 3 种方法:

第 1 种方法,通过 MediaQuery 实现,在 MaterialApp 组件的 build 方法中,通过以下代码实现,表示得到设备的宽度和高度。

```
MediaQueryData media = MediaQuery.of(context);        //得到屏幕的大小和方向
final size = media.size;
final width = size.width;                              //得到屏幕的宽度
final height = size.height;                            //得到屏幕的高度
```

第 2 种方法,可以获得一个组件的宽度和高度。
(1) 声明一个全局变量 final GlobalKey globalKey = GlobalKey()。
(2) 给该组件设置 key 属性,如 key: globalKey。
(3) 通过 globalKey 获取该组件的尺寸。

```
final width = globalKey.currentContext.size.width;
final height = globalKey.currentContext.size.height;
```

第 3 种方法,这个可以获得整个屏幕的宽度和高度,在桌面开发中,可以得到桌面的尺寸,关键代码如下:

```
import 'dart:ui';
//…省略的代码
final width = window.physicalSize.width;
final height = window.physicalSize.height;
```

8.13 屏幕的适配 flutter_screenUtil

在移动设备中,安卓和 iOS 都有相应的屏幕适配方案,Flutter 通过第三方插件 flutter_screenUtil 实现屏幕适配,通过屏幕宽度、高度、密度比(像素、dp、sp)之间的转换,让应用程序界面在不同尺寸的屏幕上都能显示出合理的布局,以便实现响应式布局。

使用方法:

第 1 步,安装依赖。打开 pubspec.yaml 文件,并通过 flutter pub get 命令或单击 VS Code 屏幕右上角的 get Packages 按钮下载依赖包,如图 8-10 所示。

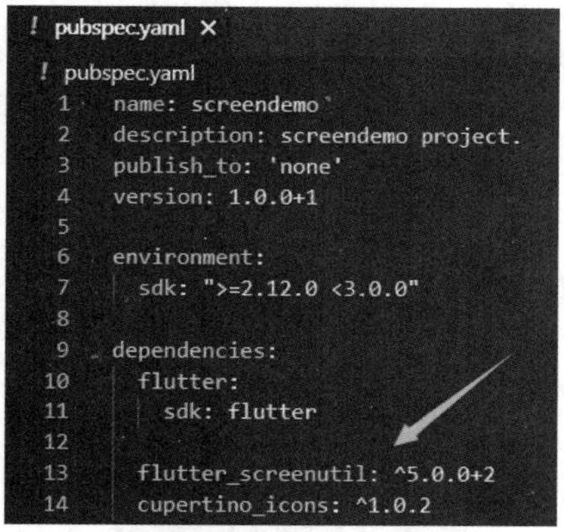

```
! pubspec.yaml ×
! pubspec.yaml
name: screendemo
description: screendemo project.
publish_to: 'none'
version: 1.0.0+1

environment:
  sdk: ">=2.12.0 <3.0.0"

dependencies:
  flutter:
    sdk: flutter

  flutter_screenutil: ^5.0.0+2
  cupertino_icons: ^1.0.2
```

图 8-10 添加屏幕适配插件 flutter_screenUtil

第 2 步，在每个使用的地方导入 flutter_screenutil 包，代码如下：

```
import 'package:flutter_screenutil/flutter_screenutil.dart';
```

第 3 步，在 main. dart 入口文件中，将 MaterialApp 或 CupertinoApp 更新如下：

```
//第 8 章 8.8 使用 ScreenUtilInit 类设置屏幕适配
ScreenUtilInit(                                          //屏幕设计初始化
  designSize: Size(325, 667),                            //设计尺寸
  child: MaterialApp(
    title: 'Flutter Demo',
    theme: ThemeData(
      primarySwatch: Colors.blue,
      visualDensity: VisualDensity.adaptivePlatformDensity,
    ),
    home: MyHomePage(title: 'Flutter Demo Home Page'),
  ),
);
```

增加的 ScreenUtilInit 类表示适用屏幕适配，其中 designSize 表示设计尺寸，以 dp 为单位，用于设计应用程序的设备。一般以较小的设备作为主要的设计，这样也比较好扩展到大的设备上。如果以大的设备作为主要的设计目标，则到小的设备显示时很容易出现问题。

宽度和高度的设计通常使用以下的方式，代码如下：

```
//第 8 章 8.9 容器中字体的大小使用屏幕适配进行设置
Container(
          color: Colors.blue,
          width: 200.w,
          height: 200.h,
```

```
      child: Text(
        '在不同的屏幕上也会有好的显示效果',
        style: TextStyle(fontSize: 16.sp),
      ),
    ),
```

上面的代码片断中 width：200.w 表示容器的宽度为 200，height：200.h 表示高度为 205，fontSize：16.sp 表示字体的大小为 16，效果如图 8-11 所示。这里的宽度、高度和字体的大小是相对于屏幕的大小，并不是实际屏幕的尺寸。在上面的代码中，设计设备上的字体大小为 16px，可根据不同设备的屏幕大小自动增大（或减小）字体大小。

图 8-11　屏幕适配的显示

也可以通过 sw 和 sh 按比例显示内容，下面的代码片断 width：0.3.sw 表示容器的宽度为屏幕宽度的 0.3 倍，height：0.5.sh 表示高度为屏幕高度的 0.5 倍。

```
Container(
  width: 0.3.sw,
  height: 0.5.sh,
),
```

表 8-2 列出了 flutter_screenUtil 对于屏幕常用的设计类型。

表 8-2　flutter_screenUtil 设计值类型

width：300.w	宽度为 300	width：0.3.sw	占用整个屏幕宽度的 30%
height：300.h	高度为 300	height：0.5.sh	占用整个屏幕高度的 50%
fontSize：14.sp	字体的大小为 14		

和屏幕适配相关的类还有 AspectRatio、ConstrainedBox、LayoutBuilder、FittedBox、CustomMultiChildLayout，在后面的学习中我们会逐步涉及。

8.14 布局的基本原则

布局的常见场景有多种，如：横向、纵向、滚动、叠加、嵌套、响应式、自适应、浮动、列表等。

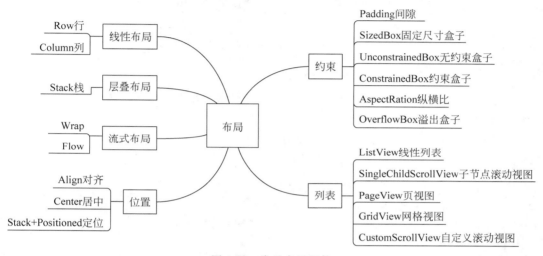

图 8-12　常见布局组件

在设计布局时，首先要确定整体布局，从大的布局入手，可以根据图 8-12 先决定使用哪种布局方式。一般组件仅在其父级给其约束的情况下才能决定自身的大小和位置。如果超出了，则需要明确指定它的对齐方式。Flutter 框架布局中溢出问题也是比较常见的问题。

在 Flutter 中布局的基本原则如下：

（1）首先，上层 widget 向下层 widget 传递约束条件。
（2）然后，下层 widget 向上层 widget 传递大小信息。
（3）最后，上层 widget 决定下层 widget 的位置。

如下代码所示，虽然我们将容器 Container 的宽度和高度定义为10，但是由于 ConstrainedBox 约束它的最小宽度和高度都为 100，所以 Container 显示的最小宽度和高度都应为 100。Container 的最大值和最小值都应在 ConstrainedBox 的约束范围之内，即在 100 到 150 之间。

```
//第 8 章 8.10 ConstrainedBox 的约束方式
@override
  Widget build(BuildContext context) {
    return Center(
      child: ConstrainedBox(
```

```
      //盒子约束
      constraints: const BoxConstraints(
        minWidth: 100,
        minHeight: 100,
        maxWidth: 150,
        maxHeight: 150,
      ),
      //).loosen(),  //如果删除上一行,加上 loosen()方法,则以 Container 自己定义的宽和高为准
      child: Container(color: Colors.red, width: 30, height: 30),
    ),
  );
}
```

如果在 BoxConstraints 中加入 loosen()方法,则删除最小宽度和高度要求,返回新的盒子约束,以 Container 自己定义的宽和高为准。

另外可以使用屏幕强制 FittedBox 以便和屏幕一样大,FittedBox 让 Text 可以根据内容缩放文本直到填满所有可用宽度,代码如下:

```
Widget build(BuildContext context) {
  return const FittedBox(
    child: Text('根据内容的多少,填满整个宽度,多,字小些,少,字大些'),
  );
}
```

在实际的布局中,如果高度未定,则会出现溢出情况,代码如下:

```
//第 8 章 8.11 示例: 如果高度未定,则会出现溢出情况
@override
  Widget build(BuildContext context) {
    return Column(
      children: [
        const Text('data'),
        const Text('data'),
        ListView(
          children: const [
            Text('data'),
            Text('data'),
          ],
        )
      ],
    );
  }
```

当程序运行时,会报以下的错误:

Vertical viewport was given unbounded height.（垂直方向被赋予无限高度）

解决方式有两种，一种是使用 SizedBox 组件固定 ListView 组件的高度，另一种是使用 Expanded 将剩余的空间分配给 ListView 组件，代码如下：

```
//第8章 8.12 设定空间,防止出现溢出情况
return Column(
    children: [
      const Text('data'),
      const Text('data'),
      Expanded(   //将剩余的空间分配给 ListView 组件
        child: ListView(
          children: const [
            Text('data'),
            Text('data'),
          ],
        ),
      )
    ],
);
```

8.15 布局中组件视图的使用

在实际开发过程中，为了更直观地观察到屏幕中各个组件在布局中的实际情况，我们可以使用 VS Code 环境中的开发工具。在 VS Code 中，单击状态栏中的 Dart DevTools 开发工具，选择 Open Widget InspectorPage 观看组件空间的实际占用情况，如图 8-13 所示。

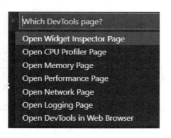

图 8-13　选择组件视图

单击后，如图 8-14 所示，左边为 Flutter 框架设计界面的组件所组成的树形结构层次图，右边为组件布局情况。在左边选择 ConstrainedBox 组件，则在右边的子窗口中会显示以 ConstrainedBox 组件为中心的各个组件占用空间的情况。

从图 8-14 中可以看到整个屏幕的宽度为 384，高度为 592，其中 Center 组件占用了整个屏幕。ConstrainedBox 的宽度可以为 0<=w<=384，高度可以为 0<=h<=592。它将子组件的宽度和高度限定为 100。在实际工作中，我们可以根据 Widget Inspector Page 观察

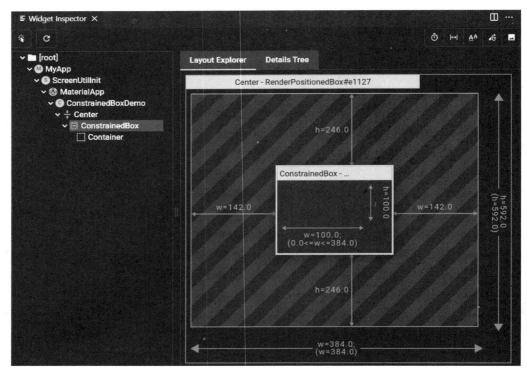

图 8-14 显示布局中各组件实际长和宽大小

各个组件的占用空间情况,为 Flutter 布局提供更直观的帮助。

有了以上的知识,第 9 章我们将以一个实例讲解 Flutter 布局。

第 9 章 仿银行 App 首页布局实例

50min

这一章结合前面的知识，仿某银行 App 首页界面设计，实现 Flutter 布局设计。主要功能有整体布局设计、标题栏、功能按钮、新闻、轮播图、特色专区、手机充值、网点服务、品牌专区等，如图 9-1 所示。

图 9-1　App 首页界面设计

9.1　第三方插件的使用

由于要实现轮播效果和屏幕适配功能，所以需要在 pubspec.yaml 文件中导入 flutter_screenutil 和 card_swiper 插件，如图 9-2 所示。

其中 flutter_screenutil 插件实现了 Flutter 屏幕适配方案，让应用程序界面在不同尺寸的屏幕上都能显示合理的布局。card_swiper 插件实现了对图片的轮播功能。

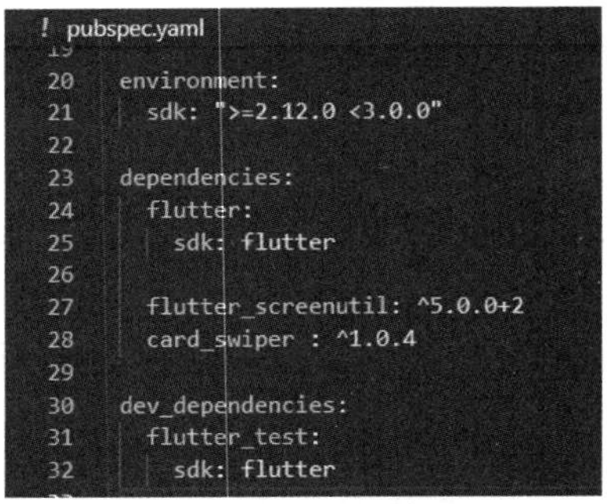

```
! pubspec.yaml
20    environment:
21      sdk: ">=2.12.0 <3.0.0"
22
23    dependencies:
24      flutter:
25        sdk: flutter
26
27      flutter_screenutil: ^5.0.0+2
28      card_swiper : ^1.0.4
29
30    dev_dependencies:
31      flutter_test:
32        sdk: flutter
```

图 9-2 引入第三方插件

9.2 屏幕设计尺寸

屏幕设计尺寸也就是整个应用程序界面设计的宽和高,本设计图宽为 432,高为 812。此处以屏幕小的模拟手机为主,这样对于大的手机屏幕也可以更好地适配。屏幕适配方案通过 flutter_screenutil 第三方插件实现。在程序启动的位置需要加入关键代码,代码如下:

```
//第 9 章 9.1 使用第三方插件设计屏幕尺寸
return ScreenUtilInit(                                          //ScreenUtil 初始化
    designSize: Size(432, 816),                                 //App 设计图的宽和高
    builder: () => MaterialApp(
      deBugShowCheckedModeBanner: false,                        //Debug 图标的隐藏
      title: '银行 App 应用',
      theme: ThemeData(
        primarySwatch: createMaterialColor(Color(0xFF3FBDCB)),  //标题栏颜色
      ),
      home: MyHomePage(title: '银行 App 应用'),
    ),
);
}
```

9.3 标题栏的设计

在标题栏上显示个人设置图标、日历图标、搜索栏及后面的操作按钮,如图 9-3 所示。

标题栏目实现了透明的沉浸式状态栏,最上边的显示时间行和标题栏的背景颜色一样。注意,这种方法只适用于 Android 版本>=M(6.0),并在整体设计上加入了禁止横屏的处理,代码如下:

图 9-3 标题栏的显示

```
//第 9 章 9.2 Flutter 应用启动设置
void main() {
  if (Platform.isAndroid) {                          //实现安卓手机沉浸式布局
    SystemChrome.setSystemUIOverlayStyle(
        SystemUiOverlayStyle(statusBarColor: Colors.transparent));
  }
  WidgetsFlutterBinding.ensureInitialized();         //加入了禁止横屏的处理
  SystemChrome.setPreferredOrientations([DeviceOrientation.portraitUp])
      .then((_) {
    runApp(MyApp());
  });
}
```

通过 PreferredSize 中的属性 preferredSize：const Size.fromHeight(80.0)将标题栏的高度设置为 80，使用 BoxDecoration 对标题栏的背景色进行设置，并调用 AppBarContent 类实现标题栏的布局，代码如下：

```
//第 9 章 9.3 标题栏高度的设置和布局
appBar: PreferredSize(
      preferredSize: const Size.fromHeight(80.0),
      child: Container(
        decoration: const BoxDecoration(
          color: Color(0xFF3FBDCB),
        ),
        child: const AppBarContent(),
      ),
    ),
```

与图 9-3 标题栏对应的布局方式如图 9-4 所示。标题栏整体为 Row 行布局，左边行中包含三个组件 Image、Image 和 Container 容器。在 Container 容器中包含 Text 文本编辑

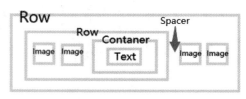

图 9-4 标题栏的布局方式

框，编辑框中有提示信息"薪悦生活|电子医保"。右边为两个 Image 组件，中间由 Spacer 组件自动占据最大的空白空间。

相应的代码如下：

```dart
//第9章 9.4 使用 Row 行组件实现标题栏布局
import 'package:flutter/material.dart';
import 'package:flutter_screenutil/flutter_screenutil.dart';

class AppBarContent extends StatelessWidget {
  const AppBarContent({Key? key}) : super(key: key);

  @override
  Widget build(BuildContext context) {
    return Padding(
      padding: const EdgeInsets.only(top: 22),
      child: Row(                                                      //(1)
        children: <Widget>[
          Row(                                                         //(2)
            children: [
              SizedBox(width: 10.w),                                   //(3)
              Image.asset('images/head.png'),                          //(4)
              SizedBox(width: 10.w),
              Image.asset('images/cal02.png'),                         //(5)
              SizedBox(width: 10.w),
              Container(                                               //(6)
                width: 200.w,
                height: 40.h,
                decoration: BoxDecoration(
                  borderRadius: BorderRadius.circular(10),
                  color: Colors.white,
                ),
                child: TextField(                                      //(7)
                  focusNode: FocusNode(),
                  decoration: InputDecoration(
                    border: InputBorder.none,
                    prefixIcon: Icon(Icons.search),
                    prefixIconConstraints: BoxConstraints(minWidth: 30),
                    hintText: '薪悦生活 | 电子医保',
                    hintStyle: TextStyle(fontSize: 16.sp),
                  ),
                ),
              ),
            ],
```

```
      ),
      const Spacer(),                                      //(8)
      Image.asset('images/head2.png'),                     //(9)
      SizedBox(width: 5.w),
      Image.asset(                                         //(10)
        'images/head3.png',
        width: 30.w,
      ),
      SizedBox(width: 10.w),
    ],
  ),
);
}
}
```

上述关键标记代码的含义分别如下：

（1）表示整体最外层为 Row 行组件。

（2）表示左边通过 Row 行组件实现，里面包含三个组件。

（3）表示通过 SizedBox(width：10.w)控制各个组件之间的距离，width：10.w 表示宽度为 10，此处使用了适配器的尺寸。

（4）表示显示左边第一张图像。

（5）表示显示左边日历图像。

（6）表示左边第 3 个位置为 Container 容器，通过 BoxDecoration 实现了圆角修饰。

（7）表示在容器中加入编辑框，通过 InputDecoration 中的 border：InputBorder.none 实现编辑框无边框，prefixIcon 在左边加入搜索图标提示，prefixIconConstraints 实现图标的边界约束，hintText 为提示文本，通过 hintStyle 设置提示文本的样式。

（8）表示使用 Spacer 占用中间最大的空间。

（9）表示右边显示第 1 个头像。

（10）表示显示最右边的图像。

9.4 屏幕内容的滚动显示

由于整个屏幕界面竖直方向信息较多，一屏显示不了，通过 SingleChildScrollView 可以实现多屏内容的滚动显示，以 Column 列的形式在垂直方向上显示多条信息，如图 9-5 所示。在实际开发中，使用 SingleChildScrollView 的常见原因可能是因为某些设备的屏幕非常小，或者因为应用程序可以在纵横比不是最初设想的纵横比的横向模式下使用，或者因为应用程序以分屏模式显示在一个小窗口中。

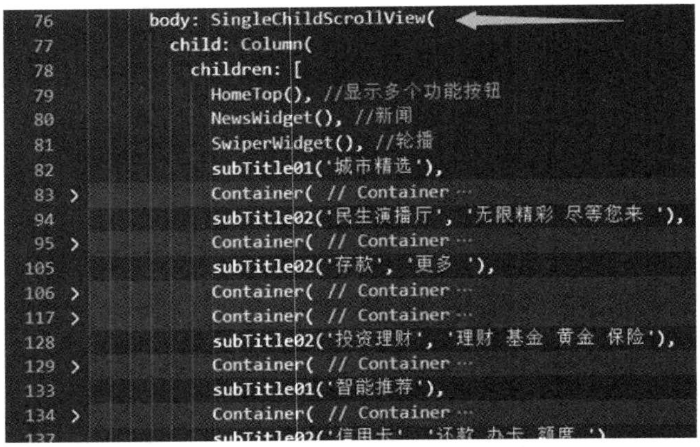

图 9-5　使用 SingleChildScrollView 显示多条内容

9.5　按钮功能实现

在新闻头条上面部分，有三排按钮，包含上面的一排 4 个按钮和下面两排共 10 个按钮。内容从上往下排列，上面的 4 个按钮在一个行组件中。下面的 10 个按钮在一个白色区域的容器中，容器的宽度小一些并居中显示。由于里面容器的宽度比外边的容器宽度小一些，正好露出了两边的背景图，如图 9-6 所示。

图 9-6　应用程序上部按钮的显示

也可以通过 Stack 实现类似效果。这是因为白色区域中的 10 个按钮在一个容器中并居中显示，正好利用了 Positioned 的 bottom 属性，当值为 0 时表示和最下面的距离为 0，将白色区域的内容固定在最下面居中的位置。在此例中，容器 Container 包含列 Column 组件，在列 Column 中包含了两个 Container 组件。第 1 个 Container 组件包含行组件 Row。在 Row 组件中，依次为 4 个列 Column 组件，每个 Column 组件中，又包含了一个 Image 图片组件和一个 Text 文本组件。第 2 个容器中包含两行图标，图 9-7 显示了相应的布局方式。

在图 9-6 中，背景色的渐变通过代码实现。标记为 1 表示在容器中实现从上到下线性的颜色渐变，从蓝绿色渐变到白色，也可以用上面注释掉的代码通过修饰背景图片实现，代

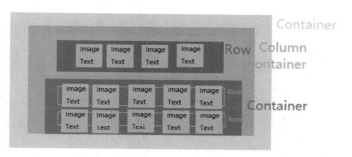

图 9-7 顶部多个按钮的布局方式

码如下：

```
//第 9 章 9.5 实现上部多个按钮的布局
return Container(
    height: 290.h,
    //image: DecorationImage(
      //image: AssetImage('images/bg01.jpg'),      //此处可以加入动画背景的图片
      //fit: BoxFit.cover,
    //),
    gradient: LinearGradient(                      //1
      begin: Alignment.topCenter,                  //开始位置为顶部中心
      end: Alignment.bottomCenter,                 //结束位置为底部中心
      stops: [0.5, 0.9],                           //颜色渐变的开始点为 0.5,结束点为 0.9
      colors: <Color>[Color(0xFF3FBDCB), Colors.white], //渐变的两种颜色
    ),
    child: Column(
      mainAxisAlignment: MainAxisAlignment.start,
      children: [
        //实现上面的 4 个按钮的布局
        Container(
          ...
        ),
        //实现下面的 10 个按钮的布局
        Container(
          ...
        )
      ],
    ),
),
```

上面的 4 个按钮和下面的 10 个按钮实现方式类似。下面的 10 个按钮在一个容器中，通过 BoxDecoration 实现了左上和右上的圆角效果。按钮间隙之间一样的距离通过 mainAxisAlignment：MainAxisAlignment.spaceAround 实现,代码如下：

```
//第 9 章 9.6 实现下面的 10 个按钮的布局
Container(
    padding: EdgeInsets.only(top: 20.h),
    child: Column(
        children: [
          Row(
            mainAxisAlignment: MainAxisAlignment.spaceAround,
            children: [
              topShow2('images/sectop01.png', '存款', 30.w),
              topShow2('images/sectop02.png', '贷款', 30.w),
              topShow2('images/sectop03.png', '理财产品', 30.w),
              topShow2('images/sectop04.png', '信用卡', 30.w),
              topShow2('images/sectop05.png', '直销银行', 30.w),
            ],
          ),
          SizedBox(height: 15),
          Row(
            mainAxisAlignment: MainAxisAlignment.spaceAround,
            children: [
…  //实现如上面类似的按钮的布局
            ],
          ),
        ],
    ),
    width: 400.w,
    height: 180.h,
    decoration: BoxDecoration(
        color: Colors.white,
        borderRadius: BorderRadius.only(       //实现左上和右上的圆角布局
          topLeft: Radius.circular(10),
          topRight: Radius.circular(10),
        ),
    ),
),
```

在上述代码中,整体包含在容器组件中,以 BoxDecoration 实现背景为白色和圆角布局。一列有两行,每行有 5 个按钮,每个按钮通过 topShow2()方法实现显示效果,代码如下:

```
//第 9 章 9.7 单个按钮布局设计
Widget topShow2(String image, String name, double? width) {
  return Container(
    width: 70.w,
    child: Column(
      crossAxisAlignment: CrossAxisAlignment.center,
```

```
    children: [
      Image.asset(image, width: width),
      SizedBox(height: 8.h),
      Text(
        name,
        style: TextStyle(fontSize: 14.sp),
      ),
    ],
  ),
);
}
```

整个按钮的宽度为 70，里面包含列组件。在列中显示了每个按钮的图标和文本信息。

9.6 新闻头条

新闻头条包含在行 Row 容器中，里面包含左右两个行 Row 容器，左边的行 Row 容器中包含新闻头条字体、图标和一行字，右边的行 Row 容器中包含红点图标、更多和向右的按钮，如图 9-8 所示。

图 9-8　新闻头条的布局与显示

代码如下：

```
//第9章 9.8 新闻头条的实现
Row(
        mainAxisAlignment: MainAxisAlignment.spaceBetween,
        children: [
          Row(
            children: [
              Text(
                '新闻头条',
                style: TextStyle(
                    color: createMaterialColor(Color(0xFF62C3EE)),
                    fontSize: 14,
                    fontWeight: FontWeight.bold),
              ),
```

```
                Icon(Icons.terrain, color: Colors.yellow, size: 32),
                Text(
                  '关于我行降低小微企业和个体…',
                  style: TextStyle(
                      //fontWeight: FontWeight.bold,
                      fontSize: 12.sp),
                ),
              ],
            ),
            Row(
              children: [
                Icon(Icons.lens, color: Colors.red, size: 12),
                Text(
                  '更多',
                  style: TextStyle(fontSize: 12, height: 1),
                ),
                Icon(Icons.chevron_right, size: 24),
              ],
            ),
          ],
        ),
```

通过最外边 Row 容器中的属性 mainAxisAlignment：MainAxisAlignment.spaceBetween 实现了里面的内容行的位置居于两边。左右两边各包含 3 个组件。

9.7 轮播图的显示

图 9-9 中显示的广告信息实际上是一个轮播图，显示效果为多张图片的循环播放。由于设置了中间图片的显示比率，左右两边露出了两边图片的部分内容。这里通过第三方插件 card_swiper 实现。轮播图效果有多个插件可以实现，选择时，要注意有的旧插件版本由于空安全等原因已不能在最新版本的 Flutter 中运行。

图 9-9 轮播图的显示

代码如下：

```
//第9章 9.9 轮播图的实现
final List< Image > imagesSwiper = [
   Image.asset('images/sw01.png', fit: BoxFit.fill),
//内容类似,省略图片的定义
   Image.asset('images/sw05.png', fit: BoxFit.fill),
 ];

child: Swiper(
      key: UniqueKey(),          //必须添加,代表唯一,否则会有异常信息抛出
      itemCount: imagesSwiper.length,
      autoplay: true,
      itemBuilder: (BuildContext context, int index) {
        return Container(
          child: imagesSwiper[index],
          padding: EdgeInsets.all(5),
        );
      },
      //pagination: SwiperPagination(),去掉
      viewportFraction: 0.95,
      //control: SwiperControl(),
    ),
```

在上述代码中，Swiper 中属性分别表示的含义如下：

（1）imagesSwiper 表示轮播图中显示的图片及个数。

（2）key 此组件的唯一标识，防止与其他组件冲突。

（3）itemCount 代表轮播图的个数。

（4）autoplay 是否自动播放。

（5）itemBuilder 中为显示的内容及布局方式，此处为容器中包含图片。

（6）pagination 表示是否显示中间的点。

（7）viewportFraction 显示的比率为 0.95，占用屏幕宽度的比率，以便能看到部分两边的图像。

（8）control 表示是否显示两边的控制按钮。

9.8 子标题的实现

例如手机充值、存款、投资、信用卡等，这些子标题格式类似，现封装到了公共的组件类中。在方法 subTitle02() 中，通过传入左边的标题和右边的子标题可以实现多次调用。左边为文本内容，右边实现了行布局，包含了文本和向右指示的图标，如图 9-10 所示。

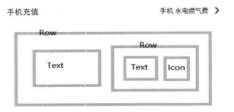

图 9-10　手机充值子标题的显示和布局

代码如下：

```
//第 9 章 9.10 多个具有类似风格子标题的统一实现
Widget subTitle02(String title, String subTitle) {
  return Container(
    padding: EdgeInsets.only(left: 10.w, bottom: 5.h, top: 10.h),
    child: Row(
      mainAxisAlignment: MainAxisAlignment.spaceBetween,
      children: [
        Text(
          title,
          style: TextStyle(fontSize: 18.sp, fontWeight: FontWeight.w600),
        ),
        Row(
          children: [
            Text(
              subTitle,
              style: TextStyle(fontSize: 16.sp),
            ),
            Icon(
              Icons.chevron_right,
              size: 24,
            ),
          ],
        )
      ],
    ),
  );}
```

9.9　特色专区

特色专区中的内容类似，封装到了一个组件类中，可以分 4 次调用同一个组件类。其中组件类整体是列布局，包含 3 行。第 1 行为行布局，包含一个文本和图标">"符号，第 2 行为文本，第 3 行为行布局，两张图片加上子标题，用列布局实现，如图 9-11 所示。

第9章　仿银行App首页布局实例　109

图 9-11　特色专区主体和部分

9.10　手机充值和网点服务

手机充值和网点服务的基本实现方式与上面类似，需要注意，矩形的角为圆角，如图 9-12 所示。

图 9-12　手机充值和网点服务

9.11　品牌专区

品牌专区可以左右滚动显示多个图像，这里通过 ListView 列表组件实现，其中 scrollDirection：Axis.horizontal 表示将滚动方向设置为水平方向，如图 9-13 所示。

图 9-13 品牌专区

代码如下：

```
//第 9 章 9.11 使用 ListView 实现品牌专区布局
return Container(
    height: 150.h,
    width: 400.w,
    child: ListView(                                    //通过 ListView 实现水平滚动
      scrollDirection: Axis.horizontal,                 //滚动方向设置为水平
      padding: const EdgeInsets.all(8),
      children: < Widget >[                             //包含可以水平滚动的多个组件
        Container(
          width: 150.w,
          child: Image.asset('images/tile01.png'),
        ),
        Container(
          width: 150.w,
          child: Image.asset('images/tile02.png'),
        ),
        Container(
          width: 150.w,
          child: Image.asset('images/tile03.png'),
        ),
        Container(
          width: 150.w,
          child: Image.asset('images/tile04.png'),
        ),
      ],
    ),
);
```

Flutter 相对其他设计软件对移动端的布局更容易些，主要通过行、列、容器、栈、位置等组件实现，在开发中嵌套较多，新手刚开始可能不太适应。当对 Flutter 组件和布局熟悉后，便能够快速实现页面的布局。

第 10 章 手势识别和对话框

在 Flutter 框架应用开发中,对话框和手势识别是与用户进行交互的核心。对话框主要包含提示对话框、确认对话框、模式对话框、选择对话框、底部弹出对话框及第三方对话框插件的使用等。手势识别主要包括以下几类:

(1) 使用监听器组件 Listener 可以得到更精确的坐标位置。

(2) MouseRegion 组件用于跟踪鼠标的移动,得到更精确的坐标值。

(3) GestureDetector 组件主要用于手势的识别,包括单击、双击、按下、水平拖动、垂直拖动、长按、向四周拖动等操作。

(4) Draggable 和 DragTarget 实现从一个位置向另一个位置拖动的效果。

(5) InkWell 和 InkResponse 可以实现有水波纹单击的效果。

(6) 需要多种事件时,可以使用 GestureDetector。

41min

10.1 Listener 监听组件

如果有子组件,则对监听子组件进行监听,例如按下、移动、释放或取消,否则对父组件进行这些监听。但是鼠标的进入、退出或在不按任何按钮的情况下悬停区域,这些事件可以使用 MouseRegion 组件进行监听。监听事件可以得到所在单击位置更精确的坐标值,如图 10-1 所示。

下面的程序中,实现了单击按下事件,如图 10-1 所示,代码如下:

图 10-1 监听事件

```
//第 10 章 10.1 实现监听器的单击事件
class _Listen01State extends State<Listen01> {
  double x = 0.0;                                              //(1)
  double y = 0.0;

  void _incrementDown(PointerEvent details) {
```

```
      setState(() {                                             //(2)
        x = details.position.dx;
        y = details.position.dy;
      });
    }

    @override
    Widget build(BuildContext context) {
      return Scaffold(
        body: Center(
          child: ConstrainedBox(
            constraints: BoxConstraints.tight(const Size(300.0, 200.0)),
            child: Listener(
              onPointerDown: _incrementDown,                    //(3)
              child: Container(
                color: Colors.yellow,
                child: Column(
                  mainAxisAlignment: MainAxisAlignment.center,
                  children: <Widget>[
                    const Text('你按下的位置为'),
                    Text(
                      '(${x.toStringAsFixed(2)}, ${y.toStringAsFixed(2)})'//(4)
                    ),
                  ],
                ),
              ),
    ),),),);}}
```

上述标记代码的含义分别如下：

(1) 定义两个变量 x 和 y，用于接收鼠标单击时所在位置的坐标值，调用了 incrementDown() 方法。

(2) 在 incrementDown() 方法中，通过 PointerEvent 的 details 变量 details.position.dx 和 details.position.dy 得到单击所在的精确位置，并通过 setState() 方法，将坐标值赋予变量 x 和 y。

(3) 鼠标按下时，调用 _incrementDown() 方法。

(4) 通过 Text('(${x.toStringAsFixed(2)}, ${y.toStringAsFixed(2)})',)，在界面中显示具体的值。toStringAsFixed(2) 表示保留两位小数。

10.2 MouseRegion 鼠标区域组件

MouseRegion 组件用于跟踪鼠标的移动，常见的有退出事件、悬浮事件和进入事件等，下面的代码显示了容器的显示和 Flutter Logo 图像的显示和隐藏，演示了鼠标进入、退出和悬浮事件，并通过 PointerEvent 对象可以得到鼠标的位置，如图 10-2 所示。

图 10-2　鼠标事件中容器和图像的显示和隐藏

代码如下：

```
//第 10 章 10.2 使用 MouseRegion 组件实现图像的显示和隐藏
class _MouseRegionDemoState extends State < MouseRegionDemo > {
  double x = 0.0;                                              //(1)
  double y = 0.0;
  bool isShow = false;

  void _updateLocation(PointerEvent details) {                 //(2)
    setState(() {
      x = details.position.dx;
      y = details.position.dy;
      isShow = x > 101 && y > 108 && x < 197 && y < 276;
    });
  }

  @override
  Widget build(BuildContext context) {
    return MouseRegion(
      onEnter: null,                                           //进入时触发的事件
      onExit: null,                                            //退出时触发的事件
      onHover: _updateLocation,                                //(3)
      child: Container(
        width: 280,
        height: 250,
        color: Colors.amber,
        child: Column(
          children: [
```

```
            Offstage(                                            //(4)
              offstage: isShow,
              child: const FlutterLogo(
                size: 100,
              ),
            ),
            Opacity(                                             //(5)
              opacity: isShow ? 1 : 0,
              child: Container(
                //101 128 197 225
                width: 100,
                height: 100,
                color: Colors.red,
                child: const Text('我也在,但是你点我,我才会出现'),
              ),
            ),
                                                                 //(6)
Text('鼠标的位置为 ( ${x.toStringAsFixed(2)}, ${y.toStringAsFixed(2)})'),
          ],
        ),
      ),
    );
  }
},
```

上述标记代码的含义分别如下：

（1）定义两个两个变量 x 和 y，isShow 变量决定是否显示容器和 Logo 图片。

（2）变量 x 和 y 用于接收鼠标单击时所在位置的坐标值，isShow 根据坐标值判定区域，如果在数据范围内，则为真，如果否则为假。

（3）onHover 悬浮界面时，调用 updateLocation() 方法。

（4）根据鼠标单击时的值，决定 Logo 图片是否显示或隐藏，Offstage 组件在隐藏时，不占用空间的位置。

（5）Opacity 组件用于透明度的设置，当透明度为 0 时，不显示子组件，但是还会占用空间。

（6）鼠标的位置在文本中的提示。

10.3 GestureDetector 手势识别组件

当 GestureDetector 将效果应用到它的子组件上，但却没有子组件时，把效果应用到它的父组件上。使用平移 pan gesture（如手指朝相反方向移动）手势时，可以捕捉水平和垂直方向的事件。如果只想得到一个方向的事件，则可以只使用水平或垂直事件。

实现一个单击的效果，当单击时，在容器的外观上实现红色和黄色的切换，代码如下：

```dart
//第10章 10.3 使用GestureDetector手势识别组件实现单击效果
class _Demo02State extends State<Demo02> {
  Color _color = Colors.red;

  @override
  Widget build(BuildContext context) {
    return Center(
      child: Container(
        color: _color,
        height: 200.0,
        width: 200.0,
        child: GestureDetector(
          onTap: () {
            setState(() {
              _color == Colors.yellow
                  ? _color = Colors.red
                  : _color = Colors.yellow;
            });
          },
        ),
      ),
    );
  }
},
```

10.4 Draggable 和 DragTarget 拖曳组件

通过 Draggable 和 DargTarget 可以实现组件从一个地方拖动到另一个地方的动态效果，如图 10-3 所示，实现了星形图标从左边拖动到右边组件中。其中左边图形使用 Draggable，代表可拖动的组件，右边图形使用 DargTarget，代表目的地组件，中间的图形代表正在拖动的效果。使用 data 属性传递任何自定义的数据。childWhenDragging 显示正在拖动时的动态效果。Feedback 属性显示组件已被拖动时的效果。当用户抬起手指时，目标可以接收数据。也可以在其他地方抬起手指，表明拒绝移动组件。可以设置 Draggable 组件的 axis 属性在上下或左右方向移动。DargTarget 监听并接收拖动过来的组件。acceptedData 属性表明来自于 Draggable 的 List 类型的数据。

图 10-3　正在拖动时的动态效果

代码如下：

```dart
//第10章 10.4 实现图像从一个窗口拖动到另一个窗口的动态效果
class _Draggable01State extends State< Draggable01 > {
  List < Widget > acceptedData = [];                              //(1)

  @override
  Widget build(BuildContext context) {
    return Scaffold(
      body: Center(
        child: Row(
          mainAxisAlignment: MainAxisAlignment.spaceEvenly,
          children: < Widget >[
            Draggable < Widget >(                                 //(2)
              data: const Icon(
                Icons.star,
                color: Colors.red,
                size: 16,
              ),
              child: Container(                                   //(3)
                alignment: Alignment.center,
                height: 100.0,
                width: 100.0,
                color: Colors.lightGreenAccent,
                child: const Icon(
                  Icons.star,
                  color: Colors.red,
                  size: 16,
                ),
              ),
              feedback: Container(                                //(4)
                color: Colors.yellow,
                height: 100,
                width: 100,
                child: const Icon(
                  Icons.star,
                  color: Colors.red,
                  size: 16,
                ),
              ),
              childWhenDragging: Container(                       //(5)
                height: 100.0,
                width: 100.0,
                color: Colors.pinkAccent,
                child: const Center(
                  child: Text('正在拖动...'),
```

```
          ),
         ),
        ),
      DragTarget < Widget >(                                      //(6)
       builder: (
        BuildContext context,                                     //(7)
        List < dynamic > accepted,                                //(8)
        List < dynamic > rejected,                                //(9)
       ) {
        return Container(
         height: 100.0,
         width: 100.0,
         color: Colors.cyan,
         child: Wrap(
          children: acceptedData,                                 //(10)
         ),
        );
       },
       onAccept: (Widget data) {                                  //(11)
        setState(() {
         acceptedData.add(
          const Icon(
           Icons.star,
           color: Colors.red,
           size: 16,
          ),
         );
        });
       },
      ),
     ],
    ),
   ),
  );
 }
},
```

上面关键标记代码的含义分别如下：

(1) 定义可以接收的组件数组 acceptedData。
(2) 定义左边可拖动组件。
(3) 左边可拖动组件的子组件在未发生拖动时显示的内容。
(4) 在拖动的过程中，中间显示的内容。
(5) 在拖动的过程中，左边组件中显示的内容。
(6) 定义右边接收组件。

(7) 定义右边接收组件上下文环境。
(8) 保存可接收的组件数组。
(9) 保存拖动过程中拒绝的组件数组。
(10) acceptedData 中保存拖动过来的星形图标数组，并显示。
(11) 每次拖动，将增加一个星形图标显示。

10.5　InkWell 和 InkResponse 响应组件

InkWell 包裹不具备事件处理的组件，在矩形区域内实现有波纹的单击效果。InkResponse 和 InkWell 类似，但是它可以自定义响应的区域，甚至可以超出它的边界之外。

它们在使用时必须以 Material 作为父组件。它们都包含以下事件。

(1) onTap：单击事件。
(2) onDoubleTap：双击事件。
(3) onTapDown：单击按下事件。
(4) onTapCancel：单击按下取消事件。
(5) onLongPress：单击长按事件。
(6) onHover：悬浮，当指针进入和退出时触发的事件。
(7) onHighlightChanged：当此部分高亮显示或停止高亮显示时调用。
(8) onFocusChange：焦点改变时调用。

在容器的外边加上一个 InkWell 和一个单击事件 onTap，其他事件的用法与此类似，这样在单击容器时，也可以有一个单击事件，代码如下：

```
//第 10 章 10.5 使用 InkWell 组件实现其他组件也有交互功能,此示例为单击事件
return Scaffold(
    body: Center(
      child: InkWell(
        onTap: () {
          print('InkWell');
        },
        child: Container(
          width: 100,
          height: 100,
          color: Colors.blue,
        ),
      ),
    ),
);
```

10.6　Dialog 对话框的使用

在 Flutter 中，常用的对话框有警告对话框 AlertDialog 和简单对话框 SimpleDialog 等。通过 showDialog 来显示这些对话框。Dialog 是基本的对话框，而 AlertDialog、SimpleDialog 基于 Dialog 而来。

10.6.1　Dialog 对话框基本用法

Dialog 组件中有几个重要的属性如下：
（1）backgroundColor：设置背景色。
（2）child：设置子组件。
（3）elevation：是否有阴影效果。
（4）insetAnimationCurve：设置动画曲线。
（5）insetAnimationDuration：动画曲线的持续时间。
（6）shape：边界的形状。

根据上面的提示，可以自定义对话框的外观、颜色、边界等。下面的代码为 Dialog 的基本用法，当单击时，表示在屏幕的中心产生一个矩形对话框，如图 10-4 所示。

图 10-4　在屏幕的中央显示对话框

showDialog()方法用于显示对话框，其中 barrierDismissible 属性为是否是模式对话框，也就是当对话框显示时，其他位置是否有响应。builder 属性用于构造要显示的对话框，此处为在屏幕的中心显示长和宽都为 100 的对话框，代码如下：

```
//第10章 10.6 Flutter 应用中对话框的显示
onPressed: () => showDialog(
    barrierDismissible: false,//此处为false时,则为模式窗口,点其他位置无响应
    context: context,
    builder: (context) {
    return const Dialog(
        child: SizedBox(
          height: 100,
          width: 100,
          child: Center(child: Text('对话框中的信息')),
        ),
    );
```

10.6.2 AlertDialog

AlertDialog 对话框属于 Material Design 类型,用于通知用户需要确认的信息。具有可选标题和可选操作列表。标题显示在内容上方,操作显示在内容下方。由于使用对话框的地方比较多,所以可以封装成一种方法,如图 10-5 所示。

图 10-5 确认对话框

第1步,定义对话框方法,代码如下:

```
//第10章 10.7 自定义对话框
Future<String?> confirmDialog(BuildContext context) {
```

```
  return showDialog<String>(
    context: context,
    builder: (BuildContext context) => AlertDialog(
      title: const Text('修改信息'),
      content: const Text('你确认要修改信息吗?'),
      actions: <Widget>[
        TextButton(
          onPressed: () => Navigator.pop(context, 'Cancel'),
          child: const Text('取消'),
        ),
        TextButton(
          onPressed: () => Navigator.pop(context, 'OK'),
          child: const Text('确定'),
        ),
      ],
    ),
  );
}
```

第 2 步,在单击事件中,实现单击显示确认对话框,并接收返回的值,根据返回值的不同,做进一步的处理,代码如下:

```
//第 10 章 10.8 接收弹出对话框中的值
ElevatedButton(
        onPressed: () {
          Future<String?> result = confirmDialog(context);
          result.then((value) {
            //print(value);                    //得到结果后,根据结果进一步处理
          });
        },
        child: const Text('确认对话框'),
      ),
```

在上述代码中,由于是异步执行,所以用 Future 中的 then 进行处理,其中 value 为返回的值。

10.6.3　SimpleDialog

简单对话框 SimpleDialog 组件可以提供几个选项供用户选择。在下面的代码中,通过 SimpleDialogOption 组件在屏幕的中心显示子项,并通过单击事件得到选择子项的结果,如图 10-6 所示。

图 10-6 选择对话框

代码如下：

```
//第 10 章 10.9 通过 SimpleDialogOption 组件显示多个选项
Future<String?>_askedFruitFood (BuildContext context) async {            //(1)
  switch (await showDialog<Fruits>(                                      //(2)
    context: context,
    builder: (BuildContext context) {
      return SimpleDialog(                                                //(3)
        title: const Text('你最爱吃哪种食品?'),
        children: <Widget>[                                               //(4)
          SimpleDialogOption(
            onPressed: () {
              Navigator.pop(context, Fruits.banana);
            },
            child: const Text('香蕉'),
          ),
          SimpleDialogOption(
            onPressed: () {
              Navigator.pop(context, Fruits.apple);
            },
            child: const Text('苹果'),
          ),
        ],
      );
```

```
      })) {
    case Fruits.banana:                                        //(5)
      //print('香蕉');
      return 'banana';
    case Fruits.apple:
      //print('苹果');
      return 'apple';
    case null:
      //dialog dismissed
      break;
  }
}
…
enum Fruits {                                                  //(6)
  banana,
  apple,
}
```

上面关键标记代码的含义分别如下：

(1) 定义异步方法_askedFruitFood()。
(2) 定义显示对话框。
(3) 显示要显示的对话框。
(4) 在对话框中显示要选择的选项。
(5) 对选择了的选项进行处理。
(6) 定义了枚举类型 Fruits。

10.7 SnackBar 底部信息提示框

SnackBar 组件是轻量级的消息弹出框，用于在较短的时间内在屏幕的最下方显示提示信息，如图 10-7 所示。

为了显示信息，需要使用 ScaffoldMessenger.of(context).showSnackBar()方法，在此方法里面传入 SnackBar 实例。我们也可以使用 behavior、shape、padding、width 和 duration 等属性设置自定义消息的位置、外观和显示的持续时间。由于这个提示框可能会在多个地方使用，所以可以做成一个公共的方法，便于统一调用。

代码如下：

```
//第 10 章 10.10 封装后的底部信息提示框
  void showMessage(BuildContext context, dynamic message, dynamic label,
    Function() onPress) {
    ScaffoldMessenger.of(context).showSnackBar(
```

图 10-7 底部弹出消息

```
SnackBar(
  backgroundColor: Colors.yellow,
  content: Text(message),
  action: SnackBarAction(
    label: '按钮',
    onPressed: onPress,
  ),
 ),
);
}
```

其中传入了参数 context 上下文、message 消息的显示和单击函数。

另外也可以使用第三方插件 fluttertoast,一行代码便可轻松创建 Toast 消息。使用步骤如下:

第 1 步,加入依赖文件,代码如下:

```
fluttertoast: ^8.0.8
```

第 2 步,在需要消息的位置导入包,代码如下:

```
import 'package:fluttertoast/fluttertoast.dart';
```

第 3 步,使用以下格式实现在底部显示消息,代码如下:

```
//第10章 10.11 使用第三方插件实现消息框的显示
Fluttertoast.showToast(
    msg: "消息内容",
    toastLength: Toast.LENGTH_SHORT,           //控制消息显示时间长短
    gravity: ToastGravity.CENTER,              //显示消息的位置
    backgroundColor: Colors.red,               //背景颜色
    textColor: Colors.white,                   //文本颜色
    fontSize: 16.0                             //字体大小
);
```

第 11 章 跳转、路由

第 11 章主要介绍路由、页面间的跳转和传值、对话框的使用等。Flutter 主要通过 Navigator 类实现页面的跳转。

11.1 Navigator 类的使用

Navigator 类来自于 widgets 库,主要实现从一个页面跳转到另一个页面。另外,它也可以通过在当前页面上的对话框组件实现路由。Navigator 通过 Route 对象来管理从一个页面跳转到另一个页面,称为入栈,以 Navigator.push() 方法实现。当页面返回时,称为出栈,以 Navigator.pop() 方式实现。

Navigator 类中有以下几个常见的属性。

(1) initialRoute:初始化路由,要显示的第 1 个路由的名称。
(2) Key:控制一个组件如何替换组件树中的另一个组件。
(3) onGenerateRoute:当给定的路由设置 RouteSetting 产生路由时,被调用。
(4) onPopPage:路由相对于页面列表中的一个页面被调用时,使用此属性。
(5) onUnknownRoute:未知路由,在 onGenerateRoute 找不到路由时,使用此属性。

11.1.1 页面的跳转和返回

最基本的跳转如下面代码所示,实现的功能为当单击第 1 个页面的按钮时跳转到下一个页面,再单击"返回"按钮时返回上一个页面。

在第 1 个按钮事件中,通过

```
Navigator.push(context, MaterialPageRoute<void>(builder: (context) {
    return SecondPage();
}));
```

跳转到下一个页面,但是在实际使用中,由于代码量较多,很少这样用,可以进行封装后再调用,代码如下:

```
//第 11 章 11.1 页面的跳转,实现单击跳转到 SecondPage 页面
class _FirstPageState extends State<FirstPage> {
  @override
  Widget build(BuildContext context) {
    return Scaffold(
      appBar: AppBar(
        title: Text("Navigator 示例 - 第 1 个页面"),
      ),
      body: Center(
        child: TextButton(
          onPressed: () {
            Navigator.push(context, MaterialPageRoute<void>(builder: (context) {
              return SecondPage();
            }));
          },
          child: Text(
            "单击跳转",
            style: TextStyle(color: Colors.red),
          ),
        ),
      ),
    );
  }
}
```

在跳转的第 2 个页面中,要想返回前一个页面,只要在按钮事件中执行一条语句即可:

```
//在另一个页面中通过单击事件返回上一个页面
onPressed: () { Navigator.pop(context); }
```

在第 2 个页面中,标题栏左边如果没有其他的组件(有时这个位置会使用 Drawer 组件实现下拉菜单效果),则默认显示向左的返回按钮,也可以单击返回上一个页面,如图 11-1 所示。

图 11-1　第 2 个页面标题栏后退按钮

11.1.2 从一个页面返回数据

如果想要从一个页面中返回数据,则在要返回的页面中传入要返回的数据,代码如下:

```
//在 pop 方法中,第 2 个参数是要返回的值 value
Navigator.pop(context, 'value');
```

在下面的代码中,变量 result 接收从上一个页面传过来的值 value,代码如下:

```
//在第 1 个页面中,左边是用来接收的变量
final result = await Navigator.push(
    context,
    MaterialPageRoute(builder: (context) => SelectionScreen()),
```

11.1.3 将数据传递到新的页面

一般通过构造方法,就可以将数据传递到新的页面,代码如下:

```
//第 11 章 11.2 第 1 个页面通过构造方法传值
Navigator.push(
        context,
        MaterialPageRoute(
          builder: (context) => DetailScreen(todo: todos[index]),
        ),
    );
```

在新的页面中,通过构造方法接收传入的值,代码如下:

```
//定义一个变量
  final Todo todo;
  //通过构造方法接收从上一个页面传入的值
  DetailScreen({Key? key, required this.todo}) : super(key: key);
```

11.2 使用命名路由

在上面的导航中,页面的跳转没有集中在同一个地方,代码也较多。当页面的数量很多时,会给系统的维护带来很大的困难,一个页面的改动往往牵涉很多的页面。

为了解决上面的问题,可以使用命名路由。在最开始的页面中,将路由全部放在同一个位置,以便统一管理。MaterialApp 配置了顶级的导航,并按以下的顺序搜索跳转路由。

(1)'/':MaterialAppr 默认路由,当应用开始时,最先显示的页面。如果 initialRoute 属性不为空,并且指定了初始化路由,则显示初始化的路由。

(2)使用路由表来跳转到不同的页面。

(3)在正常应用程序操作期间,onGenerateRoute 回调将仅应用于应用程序推送的路由名称,因此不应返回 null。如果路由不包含请求的路由,则使用此回调。

(4)onUnknownRoute:当以上的路由都不存在时,页面跳转到未知路由所指定的页面。

```
//第 11 章 11.3 定义路由表
runApp(MaterialApp(
  home: MyAppHome(),
  routes: <String, WidgetBuilder>{//定义路由表
   '/': (BuildContext context) => HomePage(),
   '/index': (BuildContext context) => IndexPage(title: 'Index Page'),
   '/detail': (BuildContext context) => DetailPage(),
  },
));
```

上面在 routes 中定义了路由表,其中 '/' 表示跳转到 HomePage 页面中, '/index' 表示跳转到 IndexPage 页面中。定义好上面的路由后,以后的页面跳转将根据上面的名称导航到相应的页面。由于 pushNamed() 方法中的值为 '/detail',当单击后会跳转到 DetailPage 页面,代码如下:

```
//根据路由表中的名称,跳转到另一个页面
onPressed: () {
  Navigator.pushNamed(context, '/detail');
}
```

返回和上面的实现方法一样,使用一条语句即可:

```
//在另一个页面中通过单击事件返回上一个页面
onPressed: () { Navigator.pop(context); }
```

11.3 onGenerateRoute 的用法

Navigator 类中的 onGenerateRoute 属性可以实现对页面的跳转进行更精细的控制。对于不同的路由,由开发者进行不同的处理。

假如在第 1 个页面中,使用下面的命名路由,传入了参数 '/details/1',代码如下:

```
onPressed: () {
    Navigator.pushNamed(
        context,
          '/details/1',
    );
},
```

那么 onGenerateRoute 可以通过对参数地址的解析,接收上面代码片断中传入的值。从下面的代码片断中,实现了对路由的更精细化的控制,根据不同的情况,跳转到不同的路由中。

通过 Uri.parse() 方法解析路由设置的名称,由 var id = uri.pathSegments[1];得到传入的值,代码如下:

```
//第 11 章 11.4 路由中对路由参数的解析
@override
  Widget build(BuildContext context) {
    return MaterialApp(
      onGenerateRoute: (settings) {
        //管理 '/'路由的跳转
        if (settings.name == '/') {
          return MaterialPageRoute(builder: (context) => HomeScreen());
        }

        //更精细的管理,可以接收参数 '/details/:id'
        var uri = Uri.parse(settings.name);
        if (uri.pathSegments.length == 2 &&
            uri.pathSegments.first == 'details') {
          var id = uri.pathSegments[1]; //接收传过来的 id 值
          return MaterialPageRoute(builder: (context) => DetailScreen(id: id));
        }

        return MaterialPageRoute(builder: (context) => UnknownScreen());
      },
    );
  }
```

11.4 路由的更高级用法

可以使用路由代理的方式,即一个路由中嵌套另一个路由。例如可以通过 BottomNavigationBar 选择外部的路由代理,其他的路由则使用内部的路由代理。

可以通过 MaterialApp.router 代替 Navigator 实现路由。里面常用的属性为路由代理 routerDelegate 和路由信息解析 routeInformationParser。

更高级的用法,可以通过查看官方的示例代码来具体学习使用。

11.5 第三方路由导航插件 Fluro

Fluro 是一个支持空安全的 Flutter 路由库,它添加了灵活的路由选项,如通配符、命名参数和清晰的路由定义。Fluro 插件号称最直观、最时髦、最酷的 Flutter 路由器,它有以下特征:

（1）简单的路由导航。
（2）函数管理（映射到函数而不是路由中）。
（3）通配符参数匹配。
（4）查询参数解析。
（5）普通的内置转换。
（6）简单的自定义转换定义。

作为一款优秀的 Flutter 企业级路由框架，Fluro 的使用比官方提供的路由框架 Navigator 要复杂一些，适合大中型项目。

第 12 章 JSON 和 Dio 数据处理

17min

在计算机系统中,服务器端与客户端常常要进行数据交互,常见的数据交互格式有 XML(可扩展标记语言,Extensible Markup Language)和 JSON(JavaScript 对象标记,JavaScript Object Notation)。XML 数据格式统一、标准,容易与服务器端进行交互,数据共享比较方便。但也有以下缺点:文件庞大,文件格式复杂,占传输带宽;服务器端和客户端都需要花费大量代码来解析 XML,耗费较多的资源和时间,导致服务器端和客户端代码变得异常复杂且不易维护。使用 XML 可以实现数据交换、系统配置、内容管理等常见的功能。

在 Flutter 框架的使用和开发中,数据交互以 JSON 格式居多。JSON 是一种轻量级、基于文本、语言独立的数据交换格式,主要用于客户端与服务器端之间进行数据交换。能够把 Dart 语言的对象实例中的数据转换为 JSON 格式,然后将 JSON 格式的数据发送到服务器,服务器端接收后,对 JSON 格式的数据进行处理。在客户端,也能把从服务器端接收的 JSON 格式的数据转换为 Dart 语言的对象实例数据,然后在页面进行显示。

JSON 的优势如下:

(1) JSON 语法简单,实现了更简单的数据解析和更快的数据执行。

(2) 易于阅读,JSON 代码具有良好的结构,可以很直观地了解存的是什么内容。

(3) 具有与大部分浏览器与操作系统的兼容性,适合不同平台系统使用。

由于结构简单,生成和解析都比较方便。相应的编程语言(如 Java、PHP、C++ 等)都提供了 JSON 格式的数据处理,如将 JSON 字符串转换成对象、将对象转换成 JSON 字符串的方法等。

在 Dart 语言中,将 JSON 数据格式转换为 Dart 语言对象实例的关键字为 jsonDecode,将 Dart 语言对象实例转换为 JSON 格式的关键字为 jsonEncode。使用 jsonDecode 和 jsonEncode 必须导入 dart:convert 库,代码如下:

```
import 'dart:convert';
```

12.1 JSON 数据格式及解析

JSON 的格式有多种。第 1 种为基本格式,大括号{}代表的是一个对象,数据以键-值对的形式存在,中间用冒号分开,可以通过键来输出相对应的值,id 代表键,001 代表对应的

值,代码如下:

```
{"id":"001" , "name":"李红"}
```

关键代码如下:

```
//第12章 12.1 定义读取 JSON 数据格式的函数
Future< void > readBaseJson() async {
  File file = File('json/base.json');                    //(1)
  String content = await file.readAsString();            //(2)
  dynamic str = jsonDecode(content);                     //(3)
  print(str['name']);                                    //(4)
}
输出结果如下:
李红
```

上述标记代码的含义分别如下:

(1) 表示将要读取工程窗口中 json 文件夹下的 base.json 文件,文件包含了上面的 JSON 格式的内容,如图 12-1 所示。

(2) 表示异步读取文件中的内容以字符串的形式保存。

(3) 表示将内容解码为 JSON 对象。

(4) 表示根据键-值对输出 name 对应的值。

工程结构如图 12-1 所示。

图 12-1 解析 JSON 程序文件结构

第 2 种为在中括号中包含多个对象,以数组的形式保存,即在一个数组中保存多个 JSON 对象,可以用循环的方式打印输出数组中的内容,JSON 格式的数据如下:

```
[{"id":"100","name":"李红"},{"id":"1001","name":"王平"}]
```

关键代码如下：

```dart
//第 12 章 12.2 解析 JSON 格式的数组
Future<void> readArrayJson() async {
  File file = File('json/array.json');
  String content = await file.readAsString();
  dynamic items = jsonDecode(content);
  for (var item in items) {
    print('id:${item['id']},name:${item['name']}');
  }
}
输出结果如下：
id:1000,name:李红
id:1001,name:王平
```

与第 1 种类似，第 2 种读取 JSON 格式的数据后，通过 jsonDecode 进行解析。items 包含了两组数据，item 代表每个 JSON 对象，最后以 for 循环的形式输出数组中每个对象中的内容。

第 3 种形式包含更复杂的键-值对和数组。解析方式和上面的类似，都需要根据键-值对或数组形式进行解析。碰到键-值对按照键-值对的形式根据键来读取相应的值，碰到数组则按照数组的形式解析，代码如下：

```json
//第 12 章 12.3 更复杂的 JSON 数据格式
{
    "id":"1000",
    "name":"乔丹",
    "children":[
        {
            "sid":"Jd3",
            "car":"Ford"
        },
        {
            "sid":"Jd2",
            "car":"Buick"
        }
    ]
}
```

对上述 JSON 格式的数据进行解析，关键代码如下：

```dart
//第 12 章 12.4 对更复杂的 JSON 数据格式的解析
Future<void> complexJson() async {
```

```
  File file = File('json/complex.json');
  String content = await file.readAsString();
  dynamic str = jsonDecode(content);
  print('id:${str['id']}');
  for (var item in str['children']) {
    print('id:${item['sid']},name:${item['car']}');
  }
}
输出结果如下:
id:1000
id:Jd3,name:Ford
id:Jd2,name:Buick
```

上面3种解析方法的文件结构图如图12-1所示。

12.2 将 JSON 解析为 Dart 对象

在 Flutter 或 Dart 开发及使用过程中,另外的使用方式为将 JSON 格式的内容解析为 Dart 对象。可以在网上使用关键字"JsonToDart"搜索到自动转换的网站,可以在线将 JSON 格式的内容与 Dart 对象的数据进行相互转换,也可以使用第三方工具进行转换。

对应 12.1 节中的 JSON 格式,样式如下:

```
[{"id":"100" , "name":"李红"},{"id":"1001" , "name":"王平"}]
```

与上述格式的 JSON 类型对应的 Dart 类代码如下,包含了 id 和 name 两个属性。其中 fromJson()方法为将 JSON 对象转换为 Dart 实体类对象,toJson()方法则可以将 Dart 实体类对象转换为 JSON 对象。从下面的代码也可以看出,JSON 对象实际上是以 Map 形式保存的,代码如下:

```
//第12章 12.5 定义 Person 实体类
class Person {
  String? id;
  String? name;

  Person({this.id, this.name});

  Person.fromJson(Map<String, dynamic> json) {
    id = json['id'];
    name = json['name'];
  }

  Map<String, dynamic> toJson() {
```

```
    final Map<String, dynamic> data = <String, dynamic>{};
    data['id'] = id;
    data['name'] = name;
    return data;
  }
}
```

解析的关键程序代码如下：

```
//第 12 章 12.6 通过实体类对象对 JSON 数据进行解析
Future<void> jsontodart() async {
  File file = File('json/base.json');
  String content = await file.readAsString();
  Person per = Person.fromJson(jsonDecode(content));
  print('id:${per.id},name:${per.name}');
}
输出结果如下：
id:001,name:李红
```

其中通过 Person.fromJson()方法解析 JSON 对象，将其直接转换为 Dart 对象，方便以后处理。

12.3　通过 Dio 请求数据

Dio 是一款 Flutter 网络请求框架，在 GitHub 上目前已超过 10 300 个 star，在 Flutter 插件中排名前列，由国人（Flutter 中文网）开发，中文文档也非常完善。Dio 作为强大 Http 客户端，支持拦截器、全局配置、FormData、请求取消、文件下载、超时等。

第 1 步，在 pubspec.yaml 文件中导入 Dio 插件，代码如下：

```
dependencies:
  dio: ^4.0.4
```

第 2 步，对 Dio 进行实例化，在 Dio 请求的方式中，主要包含以下的参数，代码如下：

```
//第 12 章 12.7 第三方插件 Dio 的主要参数
{
  ///请求的方法
  String method;
  ///基本地址,如：'https://www.google.cn/api/',后面可以添加不同的参数
  String baseUrl;
  ///Http 请求头地址
  Map<String, dynamic> headers;
```

```
    ///设置连接超时时间
    int connectTimeout;
    ///设置接收超时
    int receiveTimeout;
    ///请求的数据,可以为任意类型
    T data;
    ///请求的数据类型,默认为 'application/json; charset=utf-8'.
    ///如果想封装为 'application/x-www-form-urlencoded',
    ///则可以通过 [Headers.formUrlEncodedContentType]设置
    String contentType;

    ///响应类型
    ///可选的定义的响应类型为 JSON、STREAM、PLAIN
    ///默认值为 `JSON`
    ///如果想接收二进制的数据,则可以使用流的方式,如 STREAM
    ///如果接收的为字符串,则使用 PLAIN
    ResponseType responseType;
    ///可以自定义请求参数
    Map<String, dynamic /* String|Iterable<String> */> queryParameters;
}
```

在下面的示例中,表示向 https://www.xxx.com/api 地址发出请求,代码如下:

```
//第12章 12.8 Dio 实例化,并传入选项中的参数
var dio = Dio(); //with default Options                    //(1)
var options = BaseOptions(                                 //(2)
  baseUrl: 'https://www.xxx.com/api',
  connectTimeout: 5000,
  receiveTimeout: 3000,
);
Dio dio = Dio(options);                                    //(3)
```

上面的标记代码表示的含义分别如下:

(1) 表示对 Dio 对象实例化。

(2) 表示添加参数,如基本地址、设置连接超时限制、接收超时设置。

(3) 表示将(2)中的选项加入 Dio 对象中。

第3步,Dio 向服务器发起请求。

Dio 向服务器发起请求常用两种方法,即 get()和 post()方法。通过 get()方法向服务器提交数据请求,与服务器端进行交互,代码如下:

```
//第12章 12.9 Dio 的 get()提交方法的定义
  //通过 get()方法提交
  static Future<dynamic> get(String url) async {
```

```
        //定义响应变量
        Response response;
        //得到网址的基本路径
        _dio.options.baseUrl = baseUrl;
        //定义结果变量
        var result;
        //通过 get 请求得到响应数据
        response = await _dio.get(url);
        //响应的状态 200 表示向服务器的请求已成功
        //请求所希望的响应头或数据体将随此响应返回
        if (response.statusCode == 200 && response.data != null) {
            //从响应中得到结果数据
            result = response.data;
        }
        //返回结果数据
        return result;
    }
```

定义好了上述的 get 请求方法，可以通过以下的方式使用它，代码如下：

```
String _url = NetConfig.getPostByPostId + "?postId=${widget.postId}";
    Map _result = await NetConfig.get(_url);
```

其中_url 为请求的地址参数，与基本地址组成完整的地址，向服务器发出 get 请求。
post 的请求方法，代码如下：

```
//第 12 章 12.10 Dio 的 post()提交方法的定义
    static Future post(String url, Map<String, dynamic> json) async {
        //print("post............" + json.toString());
        Response response;                              //定义响应
        var dio = Dio();                                //定义 Dio 对象，并初始化
        dio.options.baseUrl = baseUrl;                  //加入基本地址
        var result;                                     //定义返回的结果
        response = await dio.post(                      //以 post 方式请求，参数中包含地址和数据
            url,
            data: json,
        );
        if (response.statusCode == 200 && response.data != null) {    //结果的处理
            result = response.data;
        }
        //print(result.toString() + "......result..........");
        return result;
    }
```

post 的使用方式，代码如下：

```
//第12章 12.11 将Post实体数据提交到服务器端
Post post = Post();                                                      //(1)
post.userId = user1.userId;
post.text = text;
var now = DateTime.now();
post.date = now.toString();
var result = await NetConfig.post(NetConfig.addPost, post.toJson());     //(2)
```

上述关键代码标记位置表示的含义分别如下：

(1) 定义了Post实体模型类，并赋予了属性相关的值。

(2) 通过post.toJson()方法将实体类数据转换为JSON数据，并向服务器端发送JSON类型的数据，result得到返回结果。

在后边的项目中，将会通过上述代码与服务器端实现数据交互。

第 13 章 表单和验证

本章主要讲解 Flutter 表单中的基本组件、表单的验证功能、注册、登录界面的实现,以及通过第三方插件 Dio 与服务器实现数据的交互等功能。在表单中,最常见的为 TextFormField 文本框,可以在其中输入内容供用户使用。

13.1 TextFormField 文本框的使用

TextField 为文本输入组件,表单中的 TextFormField 文本框包含了 TextField,放在表单中是为了便于表单提交过程中统一进行验证、重置和提交等功能的实现。TextField 常用属性及含义见表 8-1。

表 8-1 TextField 常用属性及含义

属　　性	含　　义
autofocus	如果其他组件没有聚焦,文本框是否聚焦自身,值为布尔类型
controller	控制被编辑的文本,可以从文本框中取值或赋值
decoration	文本框的修饰,如是否有边框、图标、文本提示等。通过 InputDecoration 类实现。默认为文本框只显示下画线
Enabled	是否禁用此组件
focusNode	定义键盘的聚焦
key	在组件树中,通过 key 来唯一确定此组件
keyboardType	输入文本的类型,通过 TextInputType 实现。常见类型格式有 text、multiline、number、phone、datetime、emailAddress、url 等,如值为 TextInputType.number,则文本框中只能输入数字
maxLength	最大长度,即最多允许输入的字符数
maxLines	可以输入的最多行数
minLines	可以占用的最少行数
obscureText	是否隐藏可编辑文本,如密码
obscuringCharacter	文本隐藏可替代的字符,如密码隐藏,则显示的替代字符为 ** *
onChanged	当用户对文本框进行输入或删除字符操作时,调用的事件
onEditingComplete	当用户提交编辑的内容时,调用的事件

续表

属　性	含　义
onSubmitted	当用户完成编辑后，调用的提交事件
onTap	在文本框中的单击事件
readOnly	文本框是否为只读
showCursor	是否显示光标
style	被编辑文本的修饰样式，通过 TextStyle 类实现
textAlign	文本对齐方式，默认为左对齐

13.1.1　文本框的实现

文本框默认显示效果为带有下边框的样式，如图 13-1 所示。

图 13-1　只能输入数字的文本框

代码如下：

```
//第 13 章 13.1 TextFormField 文本框的定义
TextFormField(
    keyboardType: TextInputType.number,                    //(1)
decoration: InputDecoration(                               //(2)
    border: UnderlineInputBorder(),                        //(3)
    icon: Icon(Icons.phone),),                             //(4)

),
```

上述关键标记代码的含义分别如下：
(1) 规定文本框只能输入数字类型，所以图 13-1 自动显示数字键盘，方便用户输入。
(2) 通过 InputDecoration 对文本框进行修饰。
(3) 将边框类型定义为下边框，文本框默认也是这种类型。
(4) 在文本框的前边、修饰容器的外边，显示电话图标。

除了上面的文本框显示方式，另外一种文本框的类型也比较常见，如图 13-2 所示。

图 13-2　有提示功能带边框的文本框

代码如下：

```
//第 13 章 13.2 实现带提示功能有边框的文本框
TextFormField(
            focusNode: emailNode,                                      //(1)
            keyboardType: TextInputType.emailAddress,                  //(2)
            decoration: InputDecoration(
              enabledBorder: OutlineInputBorder(                       //(3)
                borderSide: BorderSide(
                  color: Colors.blue,
                  width: 1,
                  style: BorderStyle.solid,
                ),
              ),
              focusedBorder: OutlineInputBorder(                       //(4)
                borderSide: BorderSide(
                  color: Color(0xFFFF0000),
                  width: 5,
                  style: BorderStyle.solid,
                ),
              ),
              floatingLabelBehavior: FloatingLabelBehavior.always,     //(5)
              label: Text('email'),
              hintText: '请输入邮箱地址',                                //(6)
            ),
),
```

上述标记代码的含义分别如下：
(1) 通过有状态组件得到键盘焦点，并管理键盘事件。
(2) 将输入的类型定义为邮箱类型。
(3) enabledBorder 属性用于定义蓝色、宽度为 1、风格为实线的边框。
(4) focusedBorder 属性用于定义当进入文本框时，文本框边界变为红色、宽度为 5、实线。

（5）当 floatingLabelBehavior 值为 FloatingLabelBehavior.always 时，label 的内容显示在文本框的左上角。

（6）在文本框中显示的提示信息。

文本框中关于修饰的属性较多，图 13-3 显示了常用的和文本框修饰有关的修饰属性实现效果，更具体的内容可以查看 InputDecoration 帮助文档。在实际工作中，可以根据需要有选择地使用。

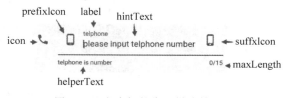

图 13-3　文本框的常见样式效果图

在图 13-3 中，文本框使用了 InputDecoration 来显示效果，其常用属性表示的含义如下。

（1）icon：在文本框的左边，显示提示图标。

（2）prefixIcon：在文本框的前部，显示前缀图标。

（3）label：与 floatingLabelBehavior：FloatingLabelBehavior.always，配合，可以一直显示在文本框的左上角。

（4）hintText：输入框中的提示信息。

（5）suffixIcon：文本框中的后缀。

（6）helperText：在下面显示帮助提示信息，此处也可以显示错误信息。

（7）maxLength：文本框中的属性，此处表示为输入的最大长度为 15。当输入时，文本框的右下部跟着有输入提示。

代码如下：

```
//第 13 章 13.3 表单文本框属性及用法
TextFormField(
            maxLength: 15,
            keyboardType: TextInputType.number,
            //输入的光标颜色为红色
            cursorColor: Colors.red,
            decoration: InputDecoration(
              border: UnderlineInputBorder(),
              icon: Icon(Icons.phone),
              iconColor: Colors.red,
              label: Text('telphone'),
              helperText: 'telphone is number',
              hintText: 'please input telphone number',
              //errorText: 'error message',
```

```
            floatingLabelBehavior: FloatingLabelBehavior.always,
            prefixIcon: Icon(Icons.phone_android),
            suffixIcon: Icon(Icons.phone_iphone),
      ),
    ),
```

13.1.2 得到文本框的值

如果想要得到文本框中的值,则需要调用 onChange 事件或使用 controlle 属性调用 TextEditingController 对象来监听控制。

通过 onChange 事件得到文本框中的值,代码如下:

```
TextField(
          onChanged: (text) {
            print('输入的内容为: $text');
          },
      ),
```

使用 controlle 属性得到文本框中的值,步骤如下:

第 1 步,定义一个 TextEditingController 对象实例。

第 2 步,通过 TextEditingController 类的 addListener()方法监听控制器的变化。

第 3 步,将 TextEditingController 对象实例绑定到文本框组件中。

第 4 步,通过 TextEditingController 类的 text 属性得到文本框中的值。

第 5 步,对 TextEditingController 对象实例进行资源释放。

代码如下:

```
//第 13 章 13.4 使用控制器得到文本框中的值
class _MyFormState extends State<MyForm> {
  //定义文本框编辑控制器
  final myController = TextEditingController();

  @override
  void initState() {
    super.initState();
    //在初始化方法中,增加监听器,监听文本框中的值的变化
    myController.addListener(_print);
  }

  @override
  Widget build(BuildContext context) {
    return Scaffold(
      appBar: AppBar(
```

```
        title: const Text('文本框示例'),
      ),
      body: Padding(
        padding: const EdgeInsets.all(20),
        child: Column(
          children: [
            TextField(
              //将 TextEditingController 对象实例绑定到文本框组件中
              controller: myController,
            ),
          ],
        ),
      ),
    );
  }

  void _print() {
    //通过 TextEditingController 类的 addListener()方法监听控制器的变化
    print('文本框中的值为 ${myController.text}');
  }

  @override
  void dispose() {
    //当组件从组件树中移除时,此控制器资源也将被释放
    myController.dispose();
    super.dispose();
  }
}
```

13.1.3　带有验证功能的表单

在表单中,Form 类是祖先类,每个单独的表单类应封装在 FormField 类中。通过 FormState 对象保存、重置、验证每个组件元素。Form 表单组件可以对输入框进行分组,然后进行一些统一操作,如输入内容校验、输入框重置及输入内容保存。通过 GlobalKey 或 Form.of 来维护上下文状态。

实现带有验证功能的表单,具体步骤如下:

第 1 步,以 GlobalKey 作为唯一性标识。GlobalKey 是组件在整个组件树中的唯一标识,当它改变时,这个组件及子节点需要重新绘制。

第 2 步,通过 validator 属性验证输入的值,如果验证错误,则显示错误信息,否则返回 null。下面的示例要求输入的文本信息必须包含@符号并以.com 结束,代码如下:

```
//第 13 章 13.5 文本框值的合法性验证
TextFormField(
  //validator 属性验证输入的值
  validator: (value) {
    if (!value!.contains('@') || !value.endsWith('.com')) {
        return "此电子邮件必须包含 '@' 并以 '.com'结束";
    }
    return null;
  },
),
```

第 3 步，如果表单中全部的输入信息验证通过，则可通过按钮提交表单信息。关键代码为_formKey.currentState!.validate()表示验证 Form 表单中的每个 FormField，如果全部通过验证，则返回值为 true。验证后，表单将会重绘，如果有错误，则会显示错误，如果成功，则提交信息，如图 13-4 所示。

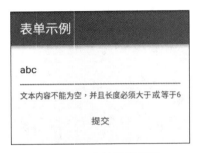

图 13-4　表单错误提示

完整代码如下：

```
//第 13 章 13.6 实现表单的完整提交过程
class _MyCustomFormState extends State<MyCustomForm> {
  final myController = TextEditingController();
  //定义全局的 key,确定表单的状态
  final _formKey = GlobalKey<FormState>();

  @override
  void dispose() {                                    //资源销毁
    myController.dispose();
    super.dispose();
  }

  @override
  Widget build(BuildContext context) {
    return Scaffold(
```

```
      appBar: AppBar(
        title: const Text('表单示例'),
      ),
      body: Form(                                    //定义表单
        key: _formKey,                               //唯一确定表单
        child: Padding(
          padding: const EdgeInsets.all(16.0),
          child: Column(
            children: [
              TextFormField(                         //定义表单文本框
                controller: myController,            //绑定文本框控制器
                validator: (value) {                 //文本框验证功能的实现
                  if (value == null || value.length < 6) {
                    return "文本内容不能为空,并且长度必须大于或等于6";
                  }
                  return null;
                },
              ),
              SizedBox(height: 20),
              TextButton(
                onPressed: () {                      //提交表单,提交前先进行表单合法性验证
                  if (_formKey.currentState!.validate()) {
                    ScaffoldMessenger.of(context).showSnackBar(
                      SnackBar(content: Text('${myController.text},数据已提交')),
                    );
                  }
                },
                child: Text("提交"),
                style: TextButton.styleFrom(primary: Colors.blue),
              )
            ],
          ),
        ),
      ),
    );
  }
}
```

13.2 和服务器端的交互——注册功能的实现

在计算机软件系统中,不仅要展现给用户静态的界面,还要与服务器端有数据的交互。最常用的有注册、登录功能。另外,例如电子商务网站还要实现从服务器端读取商品数据,并在客户端展示商品信息供用户选择购买等功能。

图 13-5 工程结构

这节使用 Dio 第三方插件实现注册功能,当用户输入邮箱地址和密码并验证通过后,可以将数据提交到服务器中,如果注册成功则跳转到登录窗口中,如果失败则显示失败信息。系统工程框架结构如图 13-5 所示。

实现步骤如下:

第 1 步,在系统中,引入 Dio 包。

第 2 步,在工程窗口中,新建 model 文件夹,并在其中新建文件 user.dart,这里包含 User 类,在 User 类中有两个属性 email 和 password。User 实体类的作用是将 email 和 password 内容封装起来,供其他类或函数使用。这里使用的是 JSON 格式的数据。

fromJson() 方法表示将参数 json 中的数据转换成 User 对象中的数据,toJson() 方法表示将 User 对象的数据转换成 JSON 格式的数据。可以通过第三方工具或网络上的在线功能自动生成类似的实体类,代码如下:

```dart
//第 13 章 13.7 定义 User 实体类
class User {
  late String email;
  late String password;

  User({required this.email, required this.password});

  User.fromJson(Map<String, dynamic> json) {
    email = json['email'];
    password = json['password'];
  }

  Map<String, dynamic> toJson() {
    final Map<String, dynamic> data = new Map<String, dynamic>();
    data['email'] = this.email;
    data['password'] = this.password;
    return data;
  }
}
```

第 3 步,在工程窗口中,新建文件夹 net,并在其中新建文件 net_config.dart。其中 baseUrl 变量保存有服务器地址及端口号,register 变量定义了实现注册功能所对应的字符串。post() 方法中将服务器地址作为 Dio 对象的值,表示向这个地址提交数据。dio.post() 方法表示异步地向服务器提交数据,url 参数表示详细的地址,data 表示提交的数据,此处为 Map 类型。Response 表示返回的值,根据返回的状态码确定数据的处理情况。statusCode 为 200 时表示请求成功。result 为从服务器端接收的响应数据,可供页面组件进一步处理,代码如下:

```dart
//第13章 13.8 定义向服务器端提交的地址和提交 post()方法
import 'package:dio/dio.dart';
//网上服务器的地址可能会有变化,自己也可在本地建一个测试服务器
class NetConfig {
  static final String baseUrl = "http://39.104.127.157:8080";
  //register 注册地址路径
  static final String register = "/user/register";

  //通过 post() 提交
  static Future post(String url, Map<String, dynamic> json) async {
    Response response;
    var dio = Dio();
    dio.options.baseUrl = baseUrl;

    var result;
    response = await dio.post(url, data: json);

    if (response.statusCode == 200 && response.data != null) {
      result = response.data;
    }
    return result;
  }
}
```

第4步,注册窗口的实现。在注册窗口中,包括邮箱文本框、密码文本框和提交按钮。邮箱文本框要求包含.和@符号,长度不能少于6位,密码文本框长度不能少于6位。提交按钮验证全部组件,成功后将数据提交到服务器。注册窗口的界面如图13-6所示。

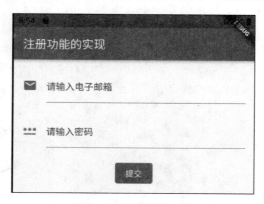

图13-6 实现注册功能

注册页面首先要定义和文本框相关的控制器和聚焦变量,并在页面退出时销毁相应资源,由于与上面代码类似,此处略。和表单页面布局相关的关键代码如下:

```dart
//第13章 13.9 定义表单
body: Form(                                             //定义表单
    key: _formKey,                                      //确定表单组件唯一
    child: Scrollbar(                                   //当内容较多时,显示滚动条
      child: SingleChildScrollView(                     //防止内容过多,导致溢出
        padding: EdgeInsets.all(16),
        child: Column(                                  //通过列组件显示内容
          children: [
            TextFormField(                              //定义邮箱输入框
              focusNode: _focusNodeEmail,
              keyboardType: TextInputType.emailAddress,
              validator: (value) {                      //验证邮箱内容
//print("object: $ value");
                if (value == null || value.length < 6) {
                  return "电子邮箱格式不对,请重新输入";
                }
                return null;
              },
              controller: _emailController,
              decoration: InputDecoration(              //邮箱的修饰
                icon: Icon(Icons.email),
                labelText: "请输入电子邮箱",
              ),
            ),
            SizedBox(height: 20),
            TextFormField(                              //定义密码输入框
              focusNode: _focusNodePassword,
              controller: _passwordController,
              validator: (value) {                      //对密码内容进行验证
                if (value == null || value.length < 6) {
                  return "密码格式不对,请重新输入";
                }
                return null;
              },
              obscureText: true,
              decoration: InputDecoration(              //密码框的修饰
                icon: Icon(Icons.password),
                labelText: "请输入密码",
              ),
            ),
            SizedBox(height: 20),
            OutlinedButton(                             //提交按钮的定义
              style: TextButton.styleFrom(
                primary: Colors.white,
                backgroundColor: Colors.blue,
              ),
```

```
                    onPressed: register,
                    child: Text("提交"),
                  ),
                ],
              ),
            ),
          ),
        ),
```

与服务器端交互的代码如下:

```
//第13章 13.10 将数据提交到服务器上,并对结果进行处理
 Future< void > register() async {                    //异步操作实现注册功能
   var valid = _formKey.currentState!.validate();     //得到验证状态
   if (!valid) {                                      //验证不通过,返回
     return;
   }
   var password = _passwordController.text;           //得到密码框中的值
   var email = _emailController.text;                 //得到电子邮箱框中的值

   //将数据封装到 User 对象中
   User user = User(email: email, password: password);
   //将 User 对象数据传入 NetConfig.post()方法中
   //参数 NetConfig.register 字符串表示注册地址
   //参数 user.toJson()表示以 JSON 格式传送
   //result 表示返回的数据
   var result = await NetConfig.post(NetConfig.register, user.toJson());
   //将返回的数据转换成 Map 类型
   Map resdata = new Map< String, dynamic >.from(result);
   //从服务器得到状态码,0 表示已注册过了,1 表示注册成功,其他状态码表示注册失败
   var code = resdata['code'];
   if (code.toString() == "1") {
     print("注册成功,跳转到登录页面");
   }
   if (code.toString() == "0") {
     print("已注册过了");
   }
 }
```

在 Flutter 系统中,与服务器端数据交互的流程和上面类似,一般先导入 Dio 包,将数据封装到实体类中,通过 Dio 完成与服务器端的数据交互。返回的结果可以直接处理或封装到实体类中再进行处理。提交和返回的数据格式一般为 JSON 样式。

由于与服务器端的交互比较复杂,可以通过 postman 软件测试与服务器端的环境,再执行相关的操作,本书附录中有 Postman 软件的介绍。

13.3 表单中的异步处理

在登录的过程中,由于数据的提交有些延时,有些用户可能会频繁单击"提交"按钮,造成数据重复提交。为了使用户有更好的体验,需要在登录的过程中,加入进度条模式窗口。在提交的过程中,阻止用户频繁单击"提交"按钮。当登录成功后,跳转到登录页面。已注册用户给出用户提示。

实现方式需要异步处理,将上面的注册方法修改,代码如下:

```dart
//第13章 13.11 向服务器提交数据时,有进度条显示
Future<void> register() async {
  var valid = _formKey.currentState!.validate();
  if (!valid) {
    return;
  }
  //(1)
  _showDialog();                                    //在提交的过程中,显示对话框
  var password = _passwordController.text;
  var email = _emailController.text;
  User user = User(email: email, password: password);
  //(2)
  await NetConfig.post(NetConfig.register, user.toJson()).then((value) {
    Map resdata = new Map<String, dynamic>.from(value);
    var code = resdata['code'];
    //(3)
    Navigator.of(context).pop();                    //得到返回的数据,退出对话框
    //(4)
    if (code.toString() == "1") {
      //print("注册成功,跳转到登录页面");
      Navigator.push(context, MaterialPageRoute<void>(builder: (context) {
        return LoginPage();
      }));
    }
    if (code.toString() == "0") {
      //print("已注册过了");
      _showMessage("已注册过了");
    }
  });
}
```

关键标记代码的含义分别如下:

(1) _showDialog()方法实现在登录的过程中弹出进度条,表示正在提交数据。

(2) await 关键字表示等待用户注册过程的结果,在 then 中实现得到结果后的处理。

（3）Navigator.of(context).pop()；表示当服务器返回结果后，进度条对话框不再显示。

（4）如果注册成功，则跳转到下一个页面。如果已注册过了，则给用户弹出提示已注册过了对话框。

13.4 日期和时间组件

在表单中，例如出生日期等选项，需要让用户选择日期或时间类型的数据，这个需要用到Flutter 的日期或时间组件。它们的用法类似，可以通过 showDatePicker 或 showTimePicker 对话框获得日期或时间的值，并传给 date 或 time 变量。日期的选择如图 13-7 所示。

图 13-7　选择日期对话框

选择日期的代码如下：

```
//第 13 章 13.12 定义选择日期对话框
//定义 newDate 属性变量,得到当前日期时间,注意,一定要在 build()方法外定义
DateTime? newDate = DateTime.now();
...
Row(
            children: [
              Text('${newDate.toString().substring(0, 10)}'),
              TextButton(
```

```
                    child: Text('请选择日期'),
                onPressed: () async {
                  final currentDate = DateTime.now();              //得到当前日期
                  final selectedDate = await showDatePicker(       //日期选择器
                    context: context,
                    initialDate: currentDate,
                    firstDate: currentDate,
                    lastDate: DateTime(2100),
                  );
                  setState(() {                                    //修改界面日期内容
                    newDate = selectedDate;
                    print(newDate);
                  });
                },
              ),
            ],
          ),
```

时间的选择如图 13-8 所示。

图 13-8　选择时间对话框

选择时间的代码如下：

```
//第 13 章 13.13 定义时间对话框
//定义 newDate 属性变量,得到当前时间。注意,一定要在 build()方法外定义
```

```
         TimeOfDay? newDate = TimeOfDay.now();
         …
         Row(
                     children: [
                       Text('${newTime?.format(context)}'),
                       TextButton(
                         child: Text('请选择时间'),
                         onPressed: () async {
                           final selectedTime = await showTimePicker(
                             context: context,
                             initialTime: TimeOfDay.now(),
                           );
                           setState(() {
                             newTime = selectedTime;
                             print(newDate);
                           });
                         },
                       ),
                     ],
                   ),
```

13.5 下拉列表、复选框、单选按钮

在表单中除了文本框、时间日期选择,大都还有下拉列表、复选框、单选按钮等。可以通过它们将从服务器端得到的内容进行显示、修改或将数据提交到远程服务器中。根据 13.2 和 13.3 节学过的内容,读者也可以将其他组件加入表单中,实现与服务器端的数据交互。

13.5.1 下拉列表 Dropdown

下拉列表属于 Material 类型,允许用户从多个选项中进行选择。给定菜单中的所有条目都必须是同类型的值,通常使用枚举类型。Dropdown 的 items 属性中的每个 DropdownMenuItem 必须使用相同的类型参数进行专用化。onChanged 回调应更新定义下拉列表值的状态变量。它还应该调用 State.setState 以使用新值重绘下拉列表,如图 13-9 所示。

图 13-9 下拉列表

显示下拉列表,代码如下:

```
//第 13 章 13.14 定义下拉列表
class _MyStatefulWidgetState extends State<MyStatefulWidget> {
  late String dropdownValue;                                              //(1)
```

```
    List<String> provinces = ['河南省','山东省','北京市','上海市'];        //(2)
    @override
    Widget build(BuildContext context) {
     return DropdownButton<String>(                                        //(3)
       value: provinces[0],                                                //(4)
       icon: const Icon(Icons.arrow_downward),
       iconSize: 20,
       underline: Container(                                               //(5)
         height: 2,
         color: Colors.deepPurpleAccent,
       ),
       onChanged: (String? newValue) {                                     //(6)
         setState(() {
//print(newValue);
           dropdownValue = newValue!;
         });
       },
       items: provinces.map<DropdownMenuItem<String>>((String value) {     //(7)
         return DropdownMenuItem<String>(
           value: value,
           child: Text(value),
         );
       }).toList(),
     );
    }
}
```

上述关键标记代码的含义分别如下：

（1）接收下拉列表的值。

（2）下拉列表的选项。

（3）定义下拉列表。

（4）下拉列表的默认值。

（5）下拉列表的修饰，显示的值有下画线。

（6）改变时，修改界面显示的内容。

（7）将 provinces 数组的值映射到下拉列表中。

13.5.2 复选框 CheckBox

复选框表示是否选中了这一项。一般用于从多个选项中选择一个或多个，如爱好的选择，如图 13-10 所示。

图 13-10 复选框的选择

代码如下：

```
//第13章 13.15 定义复选框
Checkbox(
                              value: football,
                              onChanged: (checked) {
                                setState(() {
                                  football = checked;
                                });
                              },
                            ),
```

13.5.3　单选按钮 Radio

单选按钮表示从多个选项中任意选择一项，它们之间具有互斥性，如性别的选择，如图 13-11 所示。

图 13-11　单选按钮的实现

代码如下：

```
//第13章 13.16 单选按钮的定义
enum genders { man, woman }                              //定义枚举类型

class _MyStatefulWidgetState extends State<MyStatefulWidget> {
  genders? _character = genders.man;                     //单选中的默认值

  @override
  Widget build(BuildContext context) {
    return Row(
      mainAxisSize: MainAxisSize.min,
      children: <Widget>[
        const Text('男'),
        Radio<genders>(                                  //定义单选按钮
          value: genders.man,                            //单选按钮中的值
          groupValue: _character,                        //一组单选按钮当前选定的值
          onChanged: (genders? value) {                  //接收单选按钮中的值
            setState(() {
              _character = value;
            });
          },
        ),
        const Text('女'),
        Radio<genders>(
          value: genders.woman,
```

```
            groupValue: _character,
            onChanged: (genders? value) {
              setState(() {
                _character = value;
                print(value);
              });
            },
          ),
        ],
      );
    }
  }
```

13.6 开关组件 Switch

Switch 是用于开关切换的按钮,它的状态只有两种,类似于灯的开和关。当单击开或关事件时,触发 onChanged 属性事件。在 onChanged 事件中,传入了 value 值,当单击左边时,value 的值为 false;当单击右边时,value 的值为 true。可以通过 setState() 方法接收开关的值。显示的界面如图 13-12 所示。

图 13-12 开关组件的实现

代码如下:

```
//第 13 章 13.17 开关组件的定义
bool _militaryServiceYear = false;              //定义开关组件的默认值
...
Row(
          children: [
            Text('是否服过兵役: '),
            Switch(
              value: _militaryServiceYear,      //设置开关组件的值
              onChanged: (value) {              //修改开关组件的值以影响界面
//print(value);
                setState(() {
                  _militaryServiceYear = value;
                });
              },
            ),
          ],
        ),
```

13.7 Slider 滑块的使用

显示的效果为一滚动式滑块,从一系列值中选择一个值。滑块可以是连续的或离散的一组值,如图 13-13 所示。

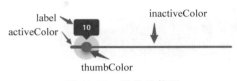

图 13-13 滑块的使用

图 13-13 中,label 表示标签中的内容,activeColor 表示左边滑过的颜色,inactiveColor 表示右边还没有滑动到的颜色,thumbColor 表示中间点的颜色,代码如下:

```
//第 13 章 13.18 Slider 滑块的使用
Slider(
            value: _militaryServiceYear,        //滑块当前选择的值
            max: 100,                           //用户可以选择的最大值
            min: 0,                             //用户可以选择的最小值
            activeColor: Colors.red,            //左边滑过的颜色
            inactiveColor: Colors.blue,         //右边没有滑过的颜色
            thumbColor: Colors.green,           //设置中间圆点的颜色
            divisions: 100,                     //离散分区的数量
            label: '${_militaryServiceYear.round()}',//标签值
            onChanged: (value) {                //滑块滑动以修改值及使界面外观变化
              setState(() {
                _militaryServiceYear = value;
//print(value.toInt());
              });
            },
            onChangeEnd: (value) {
//print('onChangeEnd: $ value');
            },
            onChangeStart: (value) {
//print('onChangeStart: $ value');
            },
          ),
```

13.8 单选或复选组件的使用

功能类似于单选按钮或复选框,表示将属性、文本、实体或动作合在一块的紧凑组件,外观类似于按钮,是 Material 组件中的内容。类似的有以下几种。

（1）InputChip：可以通过设置 onSelected 进行选择，通过设置 onDeleted 可以删除，并且可以通过 OnPressed 表现按压效果，可以有前导和尾随图标，自定义填充颜色。也可以和其他 UI 元素搭配使用。

（2）ChoiceChip：允许从一组选项中进行单一的选择，类似于单选按钮。

（3）FilterChip：通过标签或者描述性词语来过滤内容，可以替代 checkbox 或 switch widget 的功能。

图 13-14 表示在表单中可以使用 InputChip 组件选择部分喜欢的食品，此处选择了西红柿、西瓜和柚子，实现了多种选择的效果。

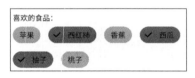

图 13-14　使用 InputChip 选择食品

实现步骤如下：

第 1 步，类中定义是否选择食品变量和食品列表变量，代码如下：

```
//第13章 13.19 初始化变量
List <bool> selectedFruits = [
    false,
    false,
    false,
    false,
    false,
    false,
];
late List <Widget> fruitsList;
```

第 2 步，定义食品列表中的选项，代码如下：

```
//第13章 13.20 定义食品列表中的选项
Widget getInputChip(label, index) {
  return InputChip(
    //avatar: CircleAvatar(
    //backgroundColor: Colors.amber.shade400,
    //child: Text('${Random.secure().nextInt(9) + 1}'),
    //),
    label: Text(label),
    backgroundColor: Colors.green.shade200,
    selected: selectedFruits[index],
    selectedColor: Colors.red.shade400,
    onSelected: (value) {
```

```
      setState(() {
        print(value);
        selectedFruits[index] = value;
      });
    },
  ); }
```

第 3 步，在 build() 方法中初始化食品列表变量，代码如下：

```
//第 13 章 13.21 初始化食品列表变量
@override
Widget build(BuildContext context) {
fruitsList = [
    getInputChip('苹果', 0),
    getInputChip('西红柿', 1),
    getInputChip('香蕉', 2),
    getInputChip('西瓜', 3),
    getInputChip('柚子', 4),
    getInputChip('桃子', 5),
  ];
```

第 4 步，在表单中显示食品列表，代码如下：

```
Wrap(
            spacing: 15,
            children: fruitsList.toList(),
        ),
```

使用 ChoiceChip 可以从多个选项中只选取一项，此时香蕉处于唯一选中状态，也可以单击选择其他食品，如图 13-15 所示。

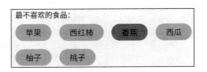

图 13-15　ChoiceChip 多选一的实现

实现步骤如下：

第 1 步，通过 ChoiceChip 定义选项外观，代码如下：

```
//第 13 章 13.22 定义多选一按钮选项界面
Widget getChoiceChip(label, index) {                  //传入标签文本和索引
    return ChoiceChip(
      //avatar: Icon(Icons.access_alarm,size: 20.0,color: Colors.white,),
```

```
        //未选定时的背景
        backgroundColor: Colors.green.shade200,
        selectedColor: Colors.red,
        //被禁用时的背景
        disabledColor: Colors.blue,
        label: Text(label),                              //按钮上显示的文本
        labelStyle: TextStyle(fontWeight: FontWeight.w200, fontSize: 15.0),
        labelPadding: EdgeInsets.only(left: 15, right: 15),
        onSelected: (bool value) {                       //单击按钮,更新界面状态
//print('getChoiceChip: $ value');
          setState(() {
            _selectedFoods = foods[index];
          });
        },
        selected: _selectedFoods == foods[index],        //如果判断为相等,则此按钮处于选中状态
    );
  }
```

第 2 步,定义默认的选项和食品数组,代码如下:

```
//第 13 章 13.23 定义默认的选项和食品数组
String _selectedFoods = '香蕉'; //表示程序启动时,默认选择了'香蕉'
  var foods = [
    '苹果',
    '西红柿',
    '香蕉',
    '西瓜',
    '柚子',
    '桃子',
  ];
```

第 3 步,将 foods 数组中的内容以 ChoiceChip 的形式装载进 foodsList 数组中,代码如下:

```
foodsList.clear();
    for (int i = 0; i < foods.length; i++) {
      foodsList.add(getChoiceChip(foods[i], i));
    }
```

第 4 步,在屏幕上显示各个选项,代码如下:

```
Wrap(
            spacing: 15,
            children: foodsList,
        ),
```

第14章 Flutter 高级控件的使用

本章讲解 Flutter 高级控件的使用,和以前的组件不同,本章的组件要实现的效果需和其他组件相结合,主要包括卡片组件 Card、页面视图组件 PageView、栈组件 Stack、列表组件 ListView、抽屉组件 Drawer、网格视图组件 GridView、选项卡组件 TabBar 和自定义滚动视图组件 CustomScroll View。

14.1 Card 卡片组件

Card 组件类似于 Container 容器,是用来表示一组相关信息的组件,边框可以设置为圆角,也可以带有阴影效果,如图 14-1 所示。

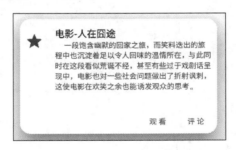

图 14-1 Card 组件的使用

关键代码如下:

```
//第 14 章 14.1 Card 卡片组件的使用
Card(
      margin: const EdgeInsets.all(20),
      elevation: 30,
      shape: RoundedRectangleBorder(                              //(1)
          side: BorderSide.none,
          borderRadius: BorderRadius.circular(20)),
child: Column(                                                    //(2)
mainAxisSize: MainAxisSize.min,                                   //(3)
```

```
    children: <Widget>[
      const ListTile(                                          //(4)
        leading: Icon(
          Icons.star,
          color: Colors.red,
          size: 34,
        ),
        title: Text('电影-人在囧途'),
        subtitle: Text(
            '一段饱含幽默的回家之旅,而笑料迭出的旅程中也沉淀着足以令人回味的温情所在,与此同时在这段看似荒诞不经,甚至有些过于戏剧话呈现中,电影也对一些社会问题做出了折射讽刺,这使电影在欢笑之余也能诱发观众的思考。'),
      ),
      Row(                                                     //(5)
        mainAxisAlignment: MainAxisAlignment.end,
        children: <Widget>[
          TextButton(
            child: const Text('观看'),
            onPressed: () {/* ... */},
          ),
          const SizedBox(width: 8),
          TextButton(
            child: const Text('评论'),
            onPressed: () {/* ... */},
          ),
          const SizedBox(width: 8),
        ],
      ),
    ],
  ),
),
```

上述标记代码的含义分别如下:

(1) 将四周设置为圆角。

(2) 卡片由 Column 组件分成上下部分; 上部分为 ListTile 组件; 下部分为 Row 行组件,包括两个按钮。

(3) 列布局中主轴方向占用最小的空间。

(4) ListTile 组件用于显示星形图标、标题和内容。

(5) 行组件包含两个按钮,对齐方式为右对齐。

14.2 PageView 组件

PageView 组件是通过翻页的方式显示内容的滚动列表,主要用在图片的显示上,通过左右滑动的方式显示其他图片。可以使用 PageController 控制视图中可见的页面。除了能够控制 PageView 内的内容的像素偏移外，PageController 还可以控制页面偏移量。通过 controller：PageController(viewportFraction：0.9)，表示中间的页面显示比例为整个页面的 90%，这样露出的两边可以显示其他图片的部分内容，给用户以更好的体验。PageController 还可以使用 PageController.initialPage 控制初始化页面，它表示使用 PageView 组件时第 1 个要显示的页面，如图 14-2 所示。

图 14-2(a)实现了 PageView 的显示效果，可以手动滑动实现翻页效果，也可以通过单击下面的按钮上一页和下一页实现。图 14-2(b)显示了正在翻页的效果。

图 14-2　PageView 居中显示和左右滑动效果

实现步骤如下：

第 1 步，在工程中引入图片，位置在 images 文件夹下，并修改 pubspec.yaml 文件，以包含图片位置，代码如下：

```
assets:
  - images/
```

第 2 步，在有状态类中定义一个 PageController 类，下面的代码表示首先显示下标为 1 的组件，屏幕显示的比例为 90%，以便两边能显示其他图片的部分内容，代码如下：

```
final PageController _pageController =
    PageController(initialPage: 1, viewportFraction: 0.9);
```

第 3 步，定义图片名称数组，并对要显示的组件初始化，代码如下：

```
//第 14 章 14.2 names 数组存放从 01.jpg 到 10.jpg 的图片
List < String > names = [
    '01.jpg',
    …
    '10.jpg',
];
List < Widget > images = [];
```

第 4 步，在初始化方法中，通过循环添加要显示的组件。要显示的组件在 show()方法中实现，代码如下：

```
//第 14 章 14.3 在初始化方法中，添加要显示的组件
@override
  void initState() {
    //TODO: implement initState
    super.initState();
    for (var item in names) {
      images.add(show(item));
    }
  }
```

第 5 步，在 show()方法中，返回容器组件，背景修饰为带阴影的圆角图片，中间靠下的位置显示两个按钮，分别实现了单击显示上一张图片和单击显示下一张图片，代码如下：

```
//第 14 章 14.4 定义容器组件，背景修饰为带阴影的圆角图片
Widget show(String name) {
  return Container(
    padding: EdgeInsets.all(10),
    margin: EdgeInsets.all(10),
    child: Row(
      mainAxisAlignment: MainAxisAlignment.center,
      children: [
        PreviousWidget(pageController: _pageController),
        SizedBox(width: 10),
        NextWidget(pageController: _pageController),
      ],
    ),
    alignment: Alignment(0, 0.8),
    decoration: BoxDecoration(
      image: DecorationImage(
        image: AssetImage(
          'images/$name',
        ),
        fit: BoxFit.fill),
      borderRadius: BorderRadius.circular(30),
```

```
        boxShadow: [
          BoxShadow(
            color: Colors.black12,
            offset: Offset(4, 4),
            blurRadius: 3,
            spreadRadius: 3,
          ),
        ],
      ),
    );
  }
```

第 6 步,单击前一个按钮实现翻页。在下面实现的过程中,如果控制类有要显示的子组件,则通过 nextPage 实现单击转到下一页。通过 curve 实现子组件出现的动态变化,持续时间为 400ms。单击后一个按钮代码与此类似,代码如下:

```
//第 14 章 14.5 单击显示下一页
class NextWidget extends StatelessWidget {
  const NextWidget({
    Key? key,
    required PageController pageController,
  }) : _pageController = pageController, super(key: key);

  final PageController _pageController;

  @override
  Widget build(BuildContext context) {
    return ElevatedButton(
      onPressed: () {
        if (_pageController.hasClients) {
          _pageController.nextPage(
            duration: const Duration(milliseconds: 400),
            curve: Curves.easeInCirc,
          );
        }
      },
      child: const Text('Next'),
    );
  }
}
```

第 7 步,前面的工作完成后,真正在 build() 方法中,只有少量的语句了。在 PageView 中,通过 controller 中的对象控制 children 中的组件实现图片的动态变化,代码如下:

```
//第 14 章 14.6 在 PageView 中显示多张图片
@override
  Widget build(BuildContext context) {
```

```
return Scaffold(
  body: PageView(
    controller: _pageController,
    //children: images,              //第一种实现方式
    children: names                   //第二种实现方式将图片列表装入到 PageView 中
        .expand((element) => {
              show(element),
            })
        .toList(),
  ),
);
}
```

第 8 步,最后一定不要忘记了,将 Controller 类注销,代码如下:

```
@override
void dispose() {
  _pageController.dispose();
  super.dispose();
}
```

14.3 Stack 组件

如果想在屏幕的任意位置放置组件,使用 Stack 是最合适不过了。一般通过 Stack 和 Position 位置组件相配合,可以将组件放在屏幕的任意位置,典型的 Stack 组件实现片断如图 14-3 所示。

图 14-3 Stack 组件显示效果

Stack 组件里面包含了三个组件,一个在默认位置,一个在左下的位置,另一个在右下的位置,还超出边界了,代码如下:

```
//第 14 章 14.7 Stack 组件中各个组件的位置
return Scaffold(
    body: Center(
      child: Container(
        height: 300,
        width: 300,
        color: Color(0xFF009000),
        child: Stack(
          clipBehavior: Clip.none,
          children: [
            Container(                          //第 1 个容器在默认的位置
              width: 200,
              height: 100,
              color: Color(0xFFFF9000),
              child: Text('默认位置'),
            ),
            Positioned(                         //第 2 个文本在左下的位置
              bottom: 15,
              left: 15,
              child: Text(
                "我在左下",
                style: TextStyle(color: Colors.white, fontSize: 32),
              ),
            ),
            Positioned(                         //第 3 个容器在右下的位置,并且还超出边界了
              bottom: -15,
              right: -15,
              child: Container(
                width: 100,
                height: 50,
                color: Color(0xffFF90ff),
                child: Text('我在右下,超出边界了'),
              ),
            ),
          ],
        ),
      ),
    ),
);
```

另外通过 Stack 也可以实现图 14-4 所示的页面布局。在页面布局中,上面是一张图片,图片的中间位置显示文本布局。中间实现圆角布局,在最下边显示其他的组件。

170 Flutter跨平台移动开发实战

图 14-4 实现 Stack 页面布局

关键代码如下:

```
//第 14 章 14.8 使用 Stack 实现页面布局
  @override
  Widget build(BuildContext context) {
    return SizedBox(                                              //(1)
      height: double.maxFinite,
      width: double.maxFinite,
      child: Stack(                                               //(2)
        children: [
          const Positioned(                                       //(3)
            left: 0,
            top: 0,
            child: SizedBox(
              height: 300,
              child: Image(
                image: AssetImage('images/sunshine.jpg'),
                fit: BoxFit.cover,
              ),
            ),
          ),
          Positioned(                                             //(4)
            top: 50,
```

```
            left: 50,
            right: 50,
            child: Container(
              margin: const EdgeInsets.only(left: 10, right: 10),
              alignment: Alignment.center,
              color: Colors.white,
              height: 20,
              child: const Text('我在图片的上方'),
            )),
        Positioned(                                                  //(5)
          top: 250,
          child: Container(
            padding: const EdgeInsets.only(top: 30, left: 30),
            width: MediaQuery.of(context).size.width,
            height: 300,
            child: const Text('这里可以实现中间部分的布局'),
            decoration: const BoxDecoration(                         //(6)
              color: Colors.white,
              borderRadius: BorderRadius.only(
                topLeft: Radius.circular(30),
                topRight: Radius.circular(30),
              ),
            ),
          ),
        ),
        Positioned(                                                  //(7)
          bottom: 0,
          child: Container(
            width: MediaQuery.of(context).size.width,
            height: 50,
            color: Colors.red,
            alignment: Alignment.center,
            child: const Text(
              '我在底部',
              style: TextStyle(color: Colors.white),
            ),
          ),
        )
      ],
    ),
  );
}
```

关键标记代码的含义分别如下：

(1) 通过 SizedBox 实现整体布局。

(2) Stack 组件包含整个页面。

(3) 通过 Positioned 组件 left:0,top:0 确定图片的位置在左上边。

(4) 通过 Positioned 组件 top:50,left:50,right:50 确定图片中文本的位置。

(5) 通过 Positioned 组件 top:250 确定容器距离顶部的距离为 250。

(6) 容器实现了左上和右上的圆角效果。

(7) 通过 Positioned 组件 bottom:0 将另一个容器组件固定在最下边。

14.4 ListView 组件

ListView 适合显示一系列列表,在主轴方向上显示列表信息,在横轴方向显示布局的信息,实现线性排列的可滚动效果。默认方向为垂直方向,也可以实现水平滚动。ListView 的显示效果如图 14-5 所示。

图 14-5 简单 ListView 的显示

ListView 有 4 种使用方法,其中前三种较为常用:

(1) ListView()从可滚动的线性列表显示内容,适合显示数量较少的数据。

(2) ListView.builder()根据数据源长度的不同动态地显示数据列表内容。

(3) ListView.separated()显示固定长度的列表,中间可以有分隔符。参数主要有两个,itemBuilder 表示显示的列表中的子节点,separatorBuilder 表示可以在节点之间加入分隔符。

(4) ListView.custom()自定义线性列表显示方式。

在 ListView 中,指定 itemExtent 属性或 prototypeItem 属性比让子项确定自己的范围更有效,例如当滚动位置发生剧烈变化时,滚动机制可以利用子项范围的预知来提高性能,但不能同时指定 itemExtent 和 prototypeItem,只能指定其中一个或不指定任何一个。

ListView 的优点为动态懒加载,当在屏幕中显示时,才会创建并加载子项数据资源。如果显示的内容超出了边界,则子项的资源将会被销毁。可以使用 KeepAlive 或 AutomaticKepAlive 等保持子项在视图中滚进滚出时的状态,以提高 ListView 的显示效率。

14.4.1 ListView()的使用

如下面的代码所示,children 数组中包含了一系列的列表,当主列表数量超出屏幕时,会有滚动条出现,如图 14-5 所示。其中 ListView 默认方向为垂直方向,称为主轴方向 main axis。横向的则为交叉轴 cross axis,在横轴中,子项需要填充 ListView,代码如下:

```
//第 14 章 14.9 使用 ListView 显示列表
@override
  Widget build(BuildContext context) {
    return Scaffold(
      appBar: AppBar(
        title: Text('简单 ListView'),
      ),
      body: ListView(
        padding: EdgeInsets.all(10),
        children: [
          getButton(),                        //子项在列表中的显示
          getButton(),
…//此处省略多行 getButton()方法
          getButton(),
          getButton(),
        ],
      ),
    );
  }

  Widget getButton() {                        //单个子项的定义
    return OutlinedButton(
      onPressed: null,
      child: Text('test data'),
      style: TextButton.styleFrom(backgroundColor: Colors.green),
    );
  }
```

14.4.2 ListView.separated()的使用

在上述代码中,通过在 ListView 中的 children 属性调用并显示多个 getButton()方法。也可以通过 ListView.builder 实现上述的效果。在实际工作中,从服务器或其他位置来的数据长度未知,一般通过 ListView.builder 或 ListView.separated()的方式来显示列表中的信息。

常用组件 ListTile 作为 ListView 列表中的子组件实现页面布局。ListTile 常用的属性有三个:leading 在组件的最左边的位置,这里显示图片信息;title 属性显示标题信息和库存信息及更新时间;trailing 属性在组件的最右边,这里显示积分信息。如图 14-6 所示。

图 14-6　列表子项的显示

ListView 中的数据可以来自于本机,但大多来自于网络。这里通过本机实体类列表模拟网上数据。下述代码中包含了 Product 实体类,productList 为包含实体类 Product 的数组。

```
//第 14 章 14.10 定义 Product 实体类和 productList 实体类数组
class Product {
  final String image;
  final String title;
  final int count;
  final String updateDateTime;
  final int score;

  Product(this.image, this.title, this.count, this.updateDateTime, this.score);
}

var productList = [
  Product("images/3in1.png", "三合一数据线", 100, "2020－01－06 06：05：20", 3600),
  Product("images/mouse.png", "鼠标垫", 300, "2020－01－06 06：05：20", 2800),
  Product("images/lamp.png", "多功能小夜灯", 600, "2020－01－06 06：05：20", 6300),
  Product("images/bag.png", "背包", 500, "2020－01－06 06：05：20", 1200),
  Product("images/sunshine.png", "食品", 710, "2020－01－06 06：05：20", 3600),
  …
];
```

在代码的实现上,ListView 包含多个 ListTile 布局。也就是先实现子项 ListTile 布局,然后将子项封装到 ListView 中。子项 ListTile 中 productList 为包含 Product 实体类的数组,代码如下:

```
//第 14 章 14.11 通过 ListTile 实现子项的布局
  Widget getTile(index) {
    return ListTile(
      onTap: () {
//print("通过传递索引值：$ index,可在另一个页面中显示详情");
      },
      tileColor: Colors.white70,
      leading: Container(                              //在左边容器中显示图片
        width: 60,
        height: 110,
        decoration: BoxDecoration(
          image: DecorationImage(
            image: AssetImage(productList[index].image),
            fit: BoxFit.cover,
          ),
          borderRadius: BorderRadius.circular(5),
```

```
        ),
      ),
      title: Text(" ${productList[index].title}"),          //标题
      subtitle: Container(                                  //子标题,通过列布局实现
        child: Column(
          crossAxisAlignment: CrossAxisAlignment.start,
          children: [
            Text("库存: ${productList[index].count} 件"),
            Text(
              "更新时间: ${productList[index].updateDateTime}",
              style: TextStyle(fontSize: 12, color: Colors.black26),
            ),
          ],
        ),
      ),
      trailing: Container(                                  //右边文本显示积分信息
        width: 60,
        alignment: Alignment.topCenter,
        child: Text(
          "${productList[index].score}积分",
          style: TextStyle(color: Colors.red),
        ),
      ),
    );
}
```

最后,通过 ListView.separated 的 separatorBuilder 属性给上述的子项加上分隔符,并以列表的形式显示在页面上,代码如下:

```
//第 14 章 14.12 显示 ListView 列表中的数据,子项以分隔符分隔
ListView.separated(
    physics: BouncingScrollPhysics(),                       //(1)
    padding: EdgeInsets.only(top: 10),                      //(2)
    itemCount: productList.length,                          //(3)
    itemBuilder: (context, index) {                         //(4)
      return return getTile(index);
    },
    cacheExtent: 10,                                        //(5)
separatorBuilder:
       (BuildContext context, int index) => const Divider(  //(6)
      indent: 15,
      endIndent: 15,
      color: Colors.green,
    ),
),
```

关键标记代码的含义分别如下：

（1）表示滚动的物理特性，如：NeverScrollableScrollPhysics 表示 ListView 不发生列表滚动；BouncingScrollPhysics 表示创建从边缘反弹的滚动物理效果，即内容超过一屏，上拉有回弹，这种行为在 iOS 上很常见；ClampingScrollPhysics 表示防止滚动偏移超出内容的边界，这是 Android 上常见的行为；AlwaysScrollableScrollPhysics 表示始终允许用户滚动页面。

（2）表示控制 ListView 的外边界的空白，此处指与上部的距离为 10。

（3）ListView 显示的列表长度。

（4）ListView 显示子项的布局。

（5）在可见区域前后都有一个区域，用于缓存用户滚动时即将可见的子项的数目。

（6）子项间的分隔符，使用了 Divider 组件，里面属性的含义为：indent 表示左边缩进 15，endIndent 表示右边缩进 15，color 表示分隔符颜色。

显示的效果如图 14-7 所示。

14.4.3　Dismissible 可以滑动删除某一项

可以使用 Dismissed 滑动删除列表中的某一子项，图 14-8 表示向右拖动子项 Item5 时，以实现删除 Item5 这一项的效果。

图 14-7　ListView 列表数据的显示

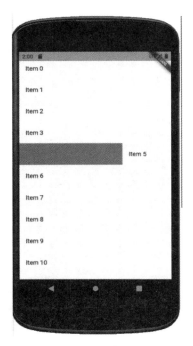

图 14-8　滑动删除某一项

代码如下:

```dart
//第14章 14.13 使用 Dismissed 滑动删除列表中的某一子项
import 'package:flutter/material.dart';

class DissmissDemo01 extends StatefulWidget {
  const DissmissDemo01({Key? key}) : super(key: key);

  @override
  _DissmissDemo01State createState() => _DissmissDemo01State();
}

class _DissmissDemo01State extends State<DissmissDemo01> {
  List<int> items = List<int>.generate(60, (int index) => index);

  @override
  Widget build(BuildContext context) {
    return Scaffold(
      body: ListView.builder(
        itemCount: items.length,
        padding: const EdgeInsets.symmetric(vertical: 16),
        itemBuilder: (BuildContext context, int index) {
          return Dismissible(                           //添加 Dismissible 组件
            key: UniqueKey(),
            child: ListTile(
              title: Text(
                'Item ${items[index]}',
              ),
            ),
            background: Container(
              color: Colors.green,
            ),
            onDismissed: (DismissDirection direction) {      //实现删除效果
//print(direction.index);
              setState(() {
                items.remove(index);
              });
            },
          );
        },
      ),
    );
  }
}
```

在上述代码中,主要是在 ListTile 外部包裹了 Dismissible 组件,并通过 onDismissed 事件实现删除效果。

14.5 Drawer 抽屉组件

Drawer 抽屉组件在 Material Design 设置中一般用于 Scaffold 的导航栏左边位置,用于显示水平滑入的菜单列表。如果 Scaffold 的导航栏左边位置没有这个组件,则在导航到下一页面时,这个位置会显示后退按键。

Drawer 主要由头部和主体两部分组成。头部可以是 DrawerHeader 或 UserAccountsDrawerHeader,后者可以显示诸如个人账号、电子邮件、个人头像、修饰等个人信息。主体一般通过 ListView 列表组件实现,每一项使用 ListTile 组件。使用 Drawer 组件显示如图 14-9 所示。

使用 DrawerHeader 可以显示简单的头部信息,代码如下:

图 14-9　使用 Drawer 组件
　　　　 显示抽屉效果

```
//第 14 章 14.14 Drawer 抽屉组件的使用
Scaffold(
  appBar: AppBar(
    title: const Text('Drawer Demo'),
  ),
  drawer: Drawer(
    child: ListView(
      padding: EdgeInsets.zero,
      children: const <Widget>[
        DrawerHeader(                              //定义头部信息
          decoration: BoxDecoration(
            color: Colors.blue,
          ),
          child: Icon(                             //头部信息为头像
            Icons.face,
            size: 60,
            color: Colors.white,
          ),
        ),
        ListTile(                                  //显示个人设置信息
          leading: Icon(Icons.message),
          title: Text('个人信息'),
        ),
        ListTile(                                  //显示好友列表
```

```
          leading: Icon(Icons.account_circle),
          title: Text('好友列表'),
        ),
        ListTile(                                          //个人设置
          leading: Icon(Icons.settings),
          title: Text('个人设置'),
        ),
      ],
    ),
  ),
)
```

也可以将 DrawHeader 部分替换成下面的内容，以实现更详细的头部信息的显示，如图 14-10 所示。

图 14-10　Draw 组件显示个人信息

关键代码如下：

```
//第 14 章 14.15 使用 UserAccountsDrawerHeader 显示个人信息
UserAccountsDrawerHeader(
        currentAccountPicture: Icon(
          Icons.face,
          size: 48,
          color: Colors.white70,
        ),
        accountName: Text('李小明'),
        accountEmail: Text('123654789@abc.com'),
        otherAccountsPictures: < Widget >[
          Icon(
            Icons.other_houses_rounded,
            color: Colors.white70,
          ),
```

```
      ],
      decoration: BoxDecoration(
        image: DecorationImage(
          image: AssetImage('images/flower.png'),
          fit: BoxFit.cover,
        ),
      ),
    ),
```

14.6 GridView 网格视图组件

GridView 网格视图组件类似于 ListView 组件，它是线性可滚动组件，但是它在滚动方向上可以显示多个子组件，可以显示多行、多列的内容。类似于 ListView，GridView 中的子项的显示也可以通过 GridTile 实现。

GridView 显示网格内容常用的方法如下：

(1) GridView.count 在交叉轴上创建具有固定数量平铺的布局。

(2) GridView.extent 指在交叉轴上创建最大可容纳的子项，使用 maxCrossAxisExtent 表示交叉轴上 Item 最大的宽度。

(3) GridView.builder 创建包含大量（或无限）子项的网格布局，使用 SliverGridDelegateWithFixedCrossAxisCount 或 SliverGridDelegateWithMaxCrossAxisExtent，设置交叉轴显示的数目或子项的长宽比例等。

(4) GridView.custom 自定义网格的显示。

与 GridView 组件布局相关的常用属性如下。

(1) crossAxisSpacing：表示交叉轴上子组件间的间隙大小。

(2) mainAxisSpacing：表示主轴上子组件间的间隙大小。

(3) crossAxisCount：表示横轴上显示子组件的数量。

(4) shrknkWrap：true 表示收缩，按实际的大小占用空间。

(5) padding：EdgeInSets.all(0)：默认不为 0。

(6) physics：NeverScrollableScrollPhysics()：禁止滚动。

(7) childAspectRatio：2/1：调整显示长和宽的比例。

14.6.1 固定数量平铺的网格视图

GridView.count 表示显示固定数量的子组件，实现的效果如图 14-11 所示。

实现步骤如下：

第 1 步，定义子组件，用于显示里面的每一项，代码如下：

第14章　Flutter高级控件的使用　181

图 14-11　显示固定数量的图片

```
//第 14 章 14.16 定义 GridView 网格视图组件子项
class GridViewItem extends StatelessWidget {
  final String image;
  final String title;
  const GridViewItem({Key? key, required this.image, required this.title})
      : super(key: key);

  @override
  Widget build(BuildContext context) {
    return Stack(                              //通过 Stack 定义子组件,里面包含图片和文本信息
      alignment: Alignment.center,
      children: [
        Image.asset(
          image,
          width: 160,
          height: 180,
          fit: BoxFit.cover,
        ),
        Positioned(
          bottom: 10,
          child: Text(
            title,
            style: TextStyle(                  //将文本的背景设置为半透明状态
```

```
            backgroundColor: Colors.white.withOpacity(0.5),
          ),
        ),
      ),
    ],
  );
}
```

第2步,通过方法得到子组件列表,代码如下:

```
List<Widget> _getGridList() {
  return productList.map((item) {
    return GridViewItem(image: item.image);
  }).toList();
},
```

第3步,在屏幕上显示列表,代码如下:

```
//第14章 14.17 显示GridView组件列表信息
body: GridView.count(
      padding: const EdgeInsets.all(20),
      crossAxisSpacing: 10,
      mainAxisSpacing: 10,
      crossAxisCount: 2,
      children: _getGridList(),
    ),
```

由于数量较少,这种方式使用比较简单,效率也比较高,如果要显示更多数量的多行多列的内容,则应使用 GridView.builder。

14.6.2 大量网格视图的显示

GridView.builder 构造函数适用于具有大量(或无限)子对象的网格视图。在屏幕滑动的过程中,隐藏的内容并没有被加载,那些显示在屏幕上的子对象会调用该构造函数,如从网络下载显示图片,列表中的大量图片,只加载显示屏幕出现的图片,减少了大量图片的下载,提高了效率。itemCount 提供显示子对象的数目,最好提供非空的 itemCount,以便GridView 能估计最大的滚动范围。itemBuilder 用于显示子对象,仅当索引大于或等于 0且小于 itemCount 时才会调用 itemBuilder。GridView 网格的显示效果如图 14-12 所示。

在 GridView.builder 中,对于网格代理 gridDelegate 属性,当使用 SliverGridDelegate-WithMaxCrossAxisExtent 时,在手机屏幕横屏和竖屏显示的内容有所不同。当横屏或竖屏时,交叉轴上分别显示不同数量的子对象,这时在大屏幕上有更好的显示效果。如果使用

第14章　Flutter高级控件的使用

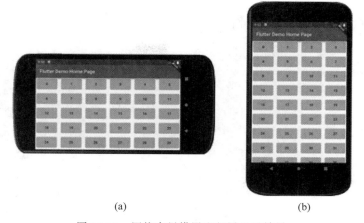

(a)　　　　　　　　(b)

图 14-12　网格布局横屏和竖屏显示效果

SliverGridDelegateWithFixedCrossAxisCount，则横屏和竖屏交叉轴显示的子项数目一样，这样横屏可能显示的内容较少，子项间空白空间较大，对用户的体验不太好。

关键代码如下：

```
//第 14 章 14.18 GridView 在较大屏幕上也有好的显示效果
body: GridView.builder(
    gridDelegate: SliverGridDelegateWithMaxCrossAxisExtent(
      maxCrossAxisExtent: 100,              //交叉轴最大的空间
      mainAxisSpacing: 10,                  //主轴中子项的空隙
      crossAxisSpacing: 8,                  //交叉轴中子项的空隙
      childAspectRatio: 16 / 9,             //交叉轴和主轴之间的比例
      //mainAxisExtent: 100,
    ),
    itemCount: 300,                         //显示的数目
    itemBuilder: (BuildContext context, int index) {
      return Card(                          //子项的定义
        color: Colors.amber,
        child: Center(child: Text('$ index')),
      );
    },
),,
…
```

14.7　TabBar 选项卡式布局

TabBar 属于 MaterialDesign 中的组件，主要用于底部或其他位置水平方向选项卡式布局。当用户单击不同的选项时，通过 TabBarView 显示选项卡中每个页面的内容，也是常见

的布局方式之一。

TabBar 中的常用属性及含义如下:

```
//第 14 章 14.19 TabBar 中常用的属性及含义
TabBar TabBar({
  required List<Widget> tabs,                                        //表示里面选项的个数
  TabController? controller,                                          //选项卡控制器
  bool isScrollable = false,                                          //是否滚动
  EdgeInsetsGeometry? padding,                                        //组件空白区域
  Color? indicatorColor,                                              //指示器的颜色
  double indicatorWeight = 2.0,                                       //指示器的宽度
  EdgeInsetsGeometry indicatorPadding = EdgeInsets.zero,              //指示器的空白区域
  Decoration? indicator,                                              //指示器的修饰
  TabBarIndicatorSize? indicatorSize,                                 //指示器的大小
  Color? labelColor,                                                  //标签颜色
  TextStyle? labelStyle,                                              //标签风格
  EdgeInsetsGeometry? labelPadding,                                   //标签空白区域
  Color? unselectedLabelColor,                                        //未选择标签颜色
  TextStyle? unselectedLabelStyle,                                    //未选择标签风格
  MouseCursor? mouseCursor,                                           //鼠标外观
  void Function(int)? onTap,                                          //选项卡单击事件
  ScrollPhysics? physics,                                             //滚动时如何响应用户请求
})
```

14.7.1 选项卡在上面的布局

选项卡的位置在上部,可以单击不同的选项卡子项查看不同的页面,如图 14-13 所示。
实现步骤如下:

第 1 步,在类中定义 Tab 选项卡,代码如下:

```
//第 14 章 14.20 定义 Tab 选项卡
final tabBar = const TabBar(
  indicatorColor: Colors.red,                    //(1)
  labelColor: Colors.yellow,                     //(2)
  unselectedLabelColor: Colors.white,            //(3)
  tabs: <Widget>[
    Tab(
      text: '云',
      icon: Icon(Icons.cloud_outlined),
    ),
    Tab(
      text: '海滩',
      icon: Icon(Icons.beach_access_sharp),
    ),
```

图 14-13　默认选项卡的实现

```
    Tab(
      text: '太阳',
      icon: Icon(Icons.wb_sunny),
    ),
  ],
);
```

上面的代码表示定义了三个选项卡，每个选项卡组件定义了文本和图标信息。

（1）表示指示器的颜色为红色。
（2）表示标签颜色为黄色，标签包括选项中的图标和文本。
（3）表示没有选中的标签为白色。

第 2 步，需要在每个选项卡中定义视图页面，里面的数目要和选项卡中的数目保持一致，代码如下：

```
//第 14 章 14.21 定义选项卡中显示的内容
final tabBarView = const TabBarView(
   children: <Widget>[
     Center(
       child: Text("It's cloudy here"),
```

```
      ),
      Center(
        child: Text("It's rainy here"),
      ),
      Center(
        child: Text("It's sunny here"),
      ),
    ],
  );
```

第 3 步，在 build() 方法中显示选项卡的内容，代码如下：

```
//第 14 章 14.22 显示选项卡中的内容
Widget build(BuildContext context) {
  return DefaultTabController(                              //(1)
      initialIndex: 1,                                      //(2)
      length: 3,                                            //(3)
      child: Scaffold(

         appBar: AppBar(                                    //(4)
             title: const Text('TabBar Widget'),
             bottom: tabBar,
          ),
          body: tabBarView,                                 //(5)
       ),
     );
}
```

上述标记代码的含义分别如下：

(1) 使用 DefaultTabController 组件，在用于无状态组件或其他父组件中比较方便。
(2) 表示默认选择了第 2 个选项卡。
(3) 有三个选项卡项。
(4) 在 AppBar 中显示选项卡。
(5) 通过 body 属性显示选项卡中的内容，和上面的每个选项卡项相对应。

14.7.2　选项卡在底部的布局

选项卡的位置在底部也是常见的布局之一，可以在底部单击选项，实现不同页面的切换，实现的效果如图 14-14 所示。

选项卡显示在底部，代码如下：

```
//第 14 章 14.23 选项卡显示在底部
class _TabBar03WidgetState extends State<TabBar03Widget>           //(1)
```

第14章 Flutter高级控件的使用

图14-14 选项卡在底部的效果

```
with SingleTickerProviderStateMixin {
  late TabController _tabController;                                    //(2)
  var _currentIndex = 0;
var _currentPage;

  @override
  void initState() {
super.initState();
    _tabController = TabController(length: 3, vsync: this);             //3
    _currentPage = pages[_currentIndex];
  }
  List < BottomNavigationBarItem > bottomTabs = [                       //(4)
    BottomNavigationBarItem(icon: Icon(Icons.cloud_outlined), label: '云'),
    BottomNavigationBarItem(icon: Icon(Icons.beach_access_sharp), label: '海滩'),
    BottomNavigationBarItem(icon: Icon(Icons.brightness_5_sharp), label: '日'),
  ];
final pages = [                                                         //(5)
    Center(child: Text("It's cloudy here")),
    Center(child: Text("It's rainy here")),
    Center(child: Text("It's sunny here")),
  ];

  @override
```

```
Widget build(BuildContext context) {
  return Scaffold(
    appBar: AppBar(
      title: const Text('底部 TabBar 示例'),
    ),
    bottomNavigationBar: BottomNavigationBar(              //(6)
      type: BottomNavigationBarType.shifting,              //(7)
      currentIndex: _currentIndex,
      items: bottomTabs,
      onTap: (index) {                                     //(8)
        setState(() {
          _currentIndex = index;
          _currentPage = pages[_currentIndex];
        });
      },
    ),
    body: _currentPage,                                    //(9)
  );
}
```

上述关键标记代码的含义分别如下：

（1）定义选项卡类，表示只有一个动画控制类时使用 SingleTickerProviderStateMixin 更有效率。

（2）下边三行定义了选项卡控制器和选择索引、当前页面变量。

（3）在初始化方法中，对 TabController 类进行初始化，并选择要显示第几个选项。

（4）底部选项卡的定义。

（5）每个选项页面的定义。

（6）在底部显示选项卡项。

（7）询问选项卡的显示方式，type 属性中 BottomNavigationBarType 的常量值有：fixed 表示位置固定；shifting 表示底部导航栏和导航栏的子项在单击时位置和大小会以动画的形式变化，标签会淡入。

（8）当单击选项卡项时，切换到不同的页面。

（9）当单击选项卡项时，要显示的页面。

14.7.3　图片的左右滑动效果

可以通过 TabbarView 和 TabController 实现图片的左右滑动效果，如图 14-15 所示。界面上面的小圆圈代表共有几张图片，实心的小圆圈表示当前正在查看第几张图片。

实现步骤如下：

第 1 步，定义图片类，代码如下：

第14章　Flutter高级控件的使用

图 14-15　图片的左右滑动效果

```
//第 14 章 14.24 定义 Image 图片实体类
class Image {
  const Image({required this.title, required this.image});
  final String title;
  final String image;
}
```

第 2 步，实现图片列表，代码如下：

```
//第 14 章 14.25 定义图片列表
const List < Image > images = const < Image >[
  const Image(title: '每天一杯咖啡', image: '01.jpg'),
  const Image(title: '早餐', image: '02.jpg'),
  const Image(title: '拔河比赛', image: '04.jpg'),
  const Image(title: '郁金香', image: '05.jpg'),
  const Image(title: '天文望远镜', image: '06.jpg'),
  const Image(title: '汽车展览', image: '10.jpg'),
];
```

第 3 步，实现界面列表中的子项单张图片的布局，代码如下：

```dart
//第14章 14.26 单张图片子项的布局
class ImageCard extends StatelessWidget {
  const ImageCard({required this.image});

  final Image image;

  @override
  Widget build(BuildContext context) {
    return Container(
      alignment: Alignment(-0.9, -0.9),
      decoration: BoxDecoration(
        image: DecorationImage(
          image: AssetImage('images/${image.image}'), fit: BoxFit.cover),
        borderRadius: BorderRadius.circular(20),
      ),
      child: Text(
        image.title,
style: TextStyle(
          color: Colors.yellow,
          fontSize: 24,
          backgroundColor: Colors.grey.withOpacity(0.2)),
      ),
    );
  }
}
```

第4步,在有状态类中混入 SingleTickerProviderStateMixin 类,并定义 TabController 控制类,控制类主要用于配合 TabBar 和 TabBarView 管理状态,代码如下:

```dart
class _ImageViewDemoState extends State<ImageViewDemo>
    with SingleTickerProviderStateMixin {
  late TabController _tabController;
```

第5步,在初始化方法中,对控制类进行初始化,代码如下:

```dart
//第14章 14.27 在初始化方法中,控制类的初始化
@override
  void initState() {
    super.initState();
    _tabController = TabController(length: images.length, vsync: this);
  }
```

第6步,在标题栏,按钮代码实现单击翻转到下一页面或上一页面,代码如下:

```
//第 14 章 14.28 单击实现翻页效果
@override
  Widget build(BuildContext context) {
    return Scaffold(
      appBar: AppBar(
        title: Text('图片浏览'),
        leading: _changeImage(
          '前一张图片',
          Icon(Icons.arrow_back),
          () {
            _nextPage(-1);
          },
        ),
        actions: [
          _changeImage(
            '后一张图片',
            Icon(Icons.arrow_forward),
            () {
              _nextPage(1);
            },
          ),
        ],
```

前进和后退共用一个函数_changeImage()，里面传入了三个参数，文本提示信息、图标和下一页或上一页的_nextPage()函数，当 next 的值为 1 时，翻转到下一页，当 next 的值为 −1 时，翻转到上一页，代码如下：

```
//第 14 章 14.29 上、下翻页的实现
void _nextPage(int next) {
  final int newIndex = _tabController.index + next;
  //if 语句实现对两边边界的判断,如果翻转到两边边界,则可以加入提醒信息,此处略
  if (newIndex < 0 || newIndex >= _tabController.length) {
    return;
  }
  setState(() {
    _tabController.animateTo(newIndex);
  });
}
```

第 7 步，在标题栏的底部添加图片指示器，表明现在正在单击第几张图片项，代码如下：

```
//第 14 章 14.30 图片指示器中初始化方法
bottom: PreferredSize(
      preferredSize: const Size.fromHeight(48),
      child: Container(
```

```
        color: Colors.white,
        height: 48.0,
        alignment: Alignment.center,
        child: TabPageSelector(
          controller: _tabController,
        ),
      ),
    ),
```

其中 TabPageSelector 用于显示一行小圆圈指示器，每个选项卡一个。选中后，对应的小圆圈指示器以实心显示。构造方法及常用属性的含义如下：

```
//第 14 章 14.31 图片指示器构造方法及常用属性的含义
const TabPageSelector(
    {Key? key,
    TabController? controller,              //选项卡控制器
    double indicatorSize = 12.0,            //空心指示器大小，默认为 12
    Color? color,                           //空心指示器颜色
    Color? selectedColor}                   //空心指示器选中后的颜色
)
```

第 8 步，在主窗口中，显示图片信息，代码如下：

```
//第 14 章 14.32 在主窗口中显示图片信息
body: TabBarView(
    controller: _tabController,
    children: images.map((Image image) {
      return Padding(
        padding: const EdgeInsets.all(16.0),
        child: ImageCard(image: image),
      );
    }).toList(),
),
```

14.8　CustomScrollView 自定义滚动视图

CustomScrollView 自定义滚动视图组件常用于标题栏和标题栏下面的内容是否可以一起向上滚动，标题栏下面的内容可以包含多个可以随之滚动的组件，如 SliverAppBar 标题栏、SliverGrid 网格布局和 SliverFixedExtentList 列表项等。实现的效果如图 14-16 所示。

最开始在上面显示的效果图为搜索框、选项卡和背景图片，如图 14-16(a)所示。当用户向上拖动时，上面的内容会被隐藏，只留下选项卡，如图 14-16(b)所示。用户单击不同的选

项卡时，会显示不同的内容，实现了显示的动态切换效果。注意，只有中间的一部分区域实现了随着选项卡的不同单击，显示不同的内容。这里选项卡切换的内容只包括了中间的部分，底部的区域还可以显示和选项卡无关的其他内容。

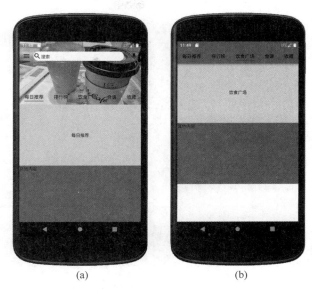

(a)   (b)

图 14-16   自定义滚动视图

实现步骤如下：

第 1 步，加入混合类 SingleTickerProviderStateMixin，用于实现滚动的动态效果，代码如下：

```
class _NestedScrollViewDemoState extends State<NestedScrollViewDemo>
    with SingleTickerProviderStateMixin {
```

第 2 步，定义控制类，代码如下：

```
//滚动的控制器
  late ScrollController _scrollController;
  //选项卡控制器
  late TabController _tabController;
```

第 3 步，对控制器类的初始化，代码如下：

```
//第 14 章 14.33 初始化方法中,控制器的初始化
@override
  void initState() {
    super.initState();
    _scrollController = ScrollController(initialScrollOffset: 0.0);
```

```
      _tabController = TabController(length: 5, vsync: this);
}
```

第 4 步,定义选项卡数组,代码如下:

```
//第 14 章 14.34 定义选项卡数组
List<Widget> tabs = [
   Tab(text: "每日推荐"),
   Tab(text: "排行榜"),
   Tab(text: "饮食广场"),
   Tab(text: "食谱"),
   Tab(text: "收藏"),
];
```

第 5 步,选项卡中内容的显示,代码如下:

```
//第 14 章 14.35 选项卡中内容的显示
@override
  Widget build(BuildContext context) {
    return Scaffold(
        body: NestedScrollView(                                    //(1)
          controller: _scrollController,
          headerSliverBuilder: (BuildContext context, bool innerBoxIsScrolled) {
            return <Widget>[
              SliverAppBar(                                        //(2)
                stretch: false,
                pinned: true,
                snap:true,
                floating: true,
                expandedHeight: 180,
                flexibleSpace: FlexibleSpaceBar(                   //(3)
                  collapseMode: CollapseMode.pin,
                  background: Container(
                    alignment: Alignment.topCenter,
                    decoration: BoxDecoration(
                        image: DecorationImage(
                            image: AssetImage('images/01.jpg'),
                            fit: BoxFit.cover)),
                    height: double.infinity,
                    child: _topContent(),                          //(4)
                  ),
                ),
                bottom: TabBar(                                    //(5)
                  controller: _tabController,
                  tabs: tabs,
```

```
                    isScrollable: true,
                    indicatorColor: Colors.red,
                    indicatorSize: TabBarIndicatorSize.label,
                    indicatorPadding: EdgeInsets.only(bottom: 10.0),
                    labelStyle: TextStyle(
                      fontSize: 15.0,
                    ),
                    unselectedLabelStyle: TextStyle(
                      fontSize: 15.0,
                    ),
                  ),
                )
              ];
            },
            body: TabBarView(                                                  //(6)
              controller: _tabController,
              children: <Widget>[
                _tabSubView("每日推荐"),
                _tabSubView("排行榜"),
                _tabSubView("饮食广场"),
                _tabSubView("食谱"),
                _tabSubView("收藏"),
              ],
            ),
          ),
        );
      }
```

上述关键标记代码的含义分别如下：

(1) 定义嵌套滚动视图组件。

(2) SliverAppBar 通常包含标题栏，还包含其他的组件，如选项卡 TabBar 和可变空间组件 FlexibleSpaceBar，这部分区域可以在滚动视图中进行展开、折叠或拉伸。pinned 属性表示在滚动过程中，标题栏是否显示在顶部。snap 属性表示在滚动过程中，当手指放开时，SliverAppBar 是否会根据当前的位置展开或收起。floating 表示当用户向应用程序栏方向滚动时，是否应立即显示应用程序栏。

(3) 定义顶部的显示区域，背景为图片。

(4) _topContent()定义了最上部区域的菜单、搜索框和右边的按钮。

(5) 定义了选项卡部分。

(6) 当单击选项卡中的选项时，中间内容的显示。

第 6 步，顶部搜索框所在行函数的定义，代码如下：

```
//第 14 章 14.36 顶部搜索框的实现
Widget _topContent() {
```

```
    return Container(                                              //(1)
      decoration: BoxDecoration(color: Colors.black12.withOpacity(0.2)),
      margin: EdgeInsets.only(left: 10, right: 10, top: 45),
      width: MediaQuery.of(context).size.width,
      child: Row(                                                  //(2)
        children: <Widget>[
          Icon(Icons.menu, color: Colors.white),                   //(3)
          SizedBox(width: 10),
          Expanded(                                                //(4)
            child: Container(                                      //(5)
              width: 200,
              height: 30,
              decoration: BoxDecoration(
                color: Colors.white,
                borderRadius: BorderRadius.all(Radius.circular(30))),
              child: Row(                                          //(6)
                children: [
                  Expanded(
                    child: TextField(                              //(7)
                      controller: null,
                      decoration: InputDecoration(
                        prefixIcon: Icon(Icons.search),
                        prefixIconConstraints: BoxConstraints(maxWidth: 30),
                        hintText: '搜索',
                        border: InputBorder.none,
                        hintStyle: TextStyle(height: 1, fontSize: 14),
                      ),
                    ),
                  ),
                ],
              ),
            ),
          ),
          SizedBox(width: 60),
          Icon(Icons.mic, color: Colors.white),                    //(8)
        ],
      ),
    );
  }
```

关键标记代码的含义分别如下：

（1）顶部搜索框包含在容器中。

（2）子组件在一行中，以行组件实现。

（3）最左边为菜单图标，提示将以菜单列表的形式显示内容。

（4）剩下空间通过 Expanded 组件实现扩展。

(5) 右边的组件在一个容器中。
(6) 以行的形式包裹右边的多个组件。
(7) 通过 TextField 组件实现搜索效果。
(8) 模拟实现右边的按钮功能。

第 7 步,选项卡中每一项的显示,代码如下:

```
//第 14 章 14.37 选项卡中子项的显示
Widget _tabSubView(String content) {
  return Container(
    alignment: Alignment.center,
    color: Colors.lightBlue,
    child: Text(
      content,
      style: TextStyle(color: Colors.white, fontSize: 36),
    ),
  );
}
```

第 8 步,控制器和选项卡资源的销毁,代码如下:

```
//第 14 章 14.38 资源的销毁
@override
void dispose() {
  super.dispose();
  _scrollController.dispose();
  _tabController.dispose();
}
```

14.9 可滚动组件滚动控制及监听

14.9.1 滚动控制器 ScrollController

滚动控制器一般作为状态对象的成员变量,并在 build()方法中使用。单个的滚动控制器可以控制多个可滚动组件,但是,有些操作,例如读取滚动的偏移量,则要求滚动控制器仅应用在一个可滚动组件中。滚动控制器通过 ScrollPosition 类确定内容的哪一部分在滚动视图中可见。如果要自定义 ScrollPosition,则需要继承 ScrollController 并重写 createScrollPosition()方法。ScrollController 是可监听的。每当任何附加 ScrollPosition 通知其监听器时(每当其中任何一个滚动时),它都会通知监听器。滚动控制器可以应用在 ListView、GridView、CustomScrollView 等可滚动组件中,监听它们内容的滚动情况,如滚动的偏移量,通过动画或直接控制可滚动组件内容的移动,查看滚动组件的滚动是否已开始、结束或停止。

关键代码如下:

```dart
//第14章 14.39 实现对滚动位置的监听并将信息打印输出到控制台
class _MyHomePageState extends State<MyHomePage> {
  late ScrollController _scrollController;                      //(1)
  void _jumpToTop() {                                           //(2)
    //_scrollController.jumpTo(0);
    _scrollController.animateTo(0,
        duration: const Duration(seconds: 3), curve: Curves.bounceIn);
  }

  @override
  void initState() {                                            //(3)
    _scrollController = ScrollController();
    _scrollController.addListener(() {
//print(_scrollController.offset);                              //监听并打印滚动位置
      if (_scrollController.offset >=
              _scrollController.position.maxScrollExtent &&
          !_scrollController.position.outOfRange) {
        print('已到底部!');
      }
      if (_scrollController.offset <=
              _scrollController.position.minScrollExtent &&
          !_scrollController.position.outOfRange) {
        print('已到最上面!');
      }
    });
    super.initState();
  }

  @override
  Widget build(BuildContext context) {
    return Scaffold(
      appBar: AppBar(
        title: Text(widget.title),
      ),
      body: Scrollbar(                                          //(4)
        child: ListView.builder(                                //(5)
          itemCount: 100,
          itemExtent: 50,
          controller: _scrollController,
          itemBuilder: (context, index) {
            return ListTile(title: Text('data $index'));
          },
        ),
      ),
```

```
      floatingActionButton: FloatingActionButton(             //(6)
        onPressed: _jumpToTop,
        tooltip: 'Increment',
        child: const Text('返回顶部'),
      ),
    );
  }

  @override
  void dispose() {                                             //(7)
    _scrollController.dispose();
    super.dispose();
  }
}
```

关键标记代码的含义分别如下：

(1) 定义滚动控制器。
(2) 以动画方式实现返回顶部功能，注释的为无动画返回顶部。
(3) 初始化控制器，监听并打印滚动位置。
(4) 定义滚动组件。
(5) 实现 List 组件列表。
(6) 浮动按钮实现单击调用返回顶部功能。
(7) 销毁资源。

14.9.2　滚动通知和监听

ScrollNotification 滚动通知组件通知它的组件关于滚动相关的变化，但是相比 ScrollController，ScrollNotification 并不能改变可滚动组件的位置。使用 ScrollNotification 可以得到滚动的不同类型，如滚动的开始、结束、正在滚动及方向等。

它有以下的生命周期。

(1) ScrollStartNotification：指出滚动开始。
(2) ScrollUpdateNotification：滚动的位置已发生改变。
(3) OverscrollNotification：滚动超出边界通知。
(4) ScrollEndNotification：滚动停止通知。
(5) UserScrollNotification：用户滚动通知。

通知监听器 NotificationListener 将会接收到通知，并通过 onNotification 属性对结果进行处理。

可以通过 ScrollNotification 组件模拟实现列表中加载更多数据的功能，当屏幕的内容滚动到底部时，自动往列表中加载以显示更多的数据，如图 14-17 所示。

图 14-17　滚动监听实现加载更多数据

关键代码如下：

```dart
class _MyHomePageState extends State<MyHomePage> {
  int _number = 20;                                                    //(1)
  @override
  Widget build(BuildContext context) {
    return Scaffold(
      appBar: AppBar(
        title: Text(widget.title),
      ),
      body: NotificationListener<ScrollNotification>(                  //(2)
        child: ListView.builder(
          itemCount: _number,
          itemExtent: 50,
          itemBuilder: (BuildContext context, int index) {
            return ListTile(title: Text('data $index'));
          },
        ),
        onNotification: (ScrollNotification scrollInfo) {              //(3)
          //print(scrollInfo.runtimeType);
          if (scrollInfo.metrics.pixels == scrollInfo.metrics.maxScrollExtent &&
              scrollInfo.runtimeType == ScrollStartNotification) {
            _onLoadMore();
          }
        }
```

```
        return true;
      },
    ),
  );
}
void _onLoadMore() {
  ScaffoldMessenger.of(context).showSnackBar(
    const SnackBar(
      backgroundColor: Colors.yellow,
      content: Text('加载更多'),
    ),
  );
  Future.delayed(const Duration(seconds: 1), () {        //(4)
    setState(() {
_number = _number + 10;
    });
  });
}

}
```

关键标记代码的含义分别如下：

(1) 将列表最开始显示的数目定义为 20。

(2) 使用通知监听器 NotificationListener。

(3) 使用 onNotification 属性监听位置的变化。

(4) _number 递增为 10，模拟实现加载更多的数据。

由于重绘的效率问题，一般在可滚动组件 Scrollbar 中使用滚动通知组件 ScrollNotification 性能较好。

第 15 章 Flutter 动画

精美的动画可将原来枯燥无味的界面变得更加丰富,有很好的视觉冲击力,具有强烈的显示效果,更能吸引用户的注意。

在 Flutter 组件中,包含各种组件动画,如隐式动画、显式动画、组件动画及通过第三方插件实现的动画等。动画的实现有多种方式。

(1) 有颜色的变化:红色变到蓝色的渐变。

(2) 有动画时间的变化:前面时间段动画变化得快,后面时间段动画变化得慢。

(3) 组件大小的动画变化。

(4) 文字的动态变化:颜色的渐变,跳动的效果。

(5) 组件的大小、颜色、位置等同时变化。

(6) 按时间顺序依次变化等。

Flutter 动画介绍的官方网址为 https://api.flutter-io.cn/flutter/animation/animation-library.html。

15.1 隐式动画

隐式动画的实现相对简单,主要由组件中属性值的变化实现动画效果,如容器、字体、透明度、间隔、位置、主题等各种方式的动画。在命名方式上,大都是在类的前面加上 Animated,表示对这个类实现动画,如 AnimatedContainer,表示容器的隐式动画。

隐式动画类主要包括以下 13 种。

(1) AnimatedAlign:对对齐方式进行动画。

(2) AnimatedContainer:对容器中的属性进行动画。

(3) AnimatedDefaultTextStyle:对文字的风格实现动画。

(4) AnimatedOpacity:对透明度实现动画。

(5) AnimatedPadding:对组件的间隔实现动画。

(6) AnimatedPhysicalModel:对物理模型实现动画,如角的变化和阴影的变化等。

(7) AnimatedPositioned:对位置实现动画。

(8) AnimatedPositionedDirectional：对位置方向实现动画。

(9) AnimatedTheme：对主题实现动画，如主题颜色的渐变。

(10) AnimatedCrossFade：在两个子组件之间切换显示，实现交叉淡入淡出的动画效果。

(11) AnimatedSize：对组件的大小进行动画变化。

(12) AnimatedSwitcher：从一个组件到另一个组件实现动画。

(13) TweenAnimationBuilder：对组件中的任意属性都可以通过 Tween 类进行动画变换。

在本书附带的源代码中，有上述各个动画的示例，用法类似。下面以 AnimatedContainer 为例，讲解通过容器动画类实现隐式动画——颜色的渐变。

15.1.1　AnimatedContainer 对容器的属性进行动画显示

在屏幕的中间显示一个宽为 200，高为 100 的蓝色长方形，长方形中间向上的位置显示 FlutterLogo 图片，它们包含在手势识别类中，以便于和手势单击事件交互，代码如下：

```
//第 15 章 15.1 FlutterLogo 图片居中显示
@override
  Widget build(BuildContext context) {
    return GestureDetector(
      onTap: null,
      child: Center(
        child: Container(
          width: 200,
          height: 100,
          color: Colors.blue,
          alignment: AlignmentDirectional.topCenter,
          child: const FlutterLogo(size: 75),
        ),
      ),
    );
  }
```

现在修改上面的代码，增加动画的变换。最后的效果为当单击这个长方形时，实现颜色从蓝色到红色的相互渐变，变化的持续时间为 2s，代码如下：

```
//第 15 章 15.2 FlutterLogo 图片颜色的渐变
bool selected = false;                                    //(1)
…
return GestureDetector(                                   //(2)
    onTap: () {                                           //(3)
      setState(() {
```

```
          selected = !selected;
        });
      },
      child: Center(
        child: AnimatedContainer(                                    //(4)
          width: 100.0,
          height: 200.0,
          color: selected ? Colors.red : Colors.blue,                //(5)
          alignment: AlignmentDirectional.topCenter,
          curve: Curves.fastOutSlowIn,                               //(6)
          duration: const Duration(seconds: 2),                      //(7)
          child: const FlutterLogo(size: 75),
        ),
      ),
    );
```

在上面的代码中，按照标记分别修改和增加了以下内容：

（1）定义了一个布尔变量 selected，初始值为 false。

（2）使用手势识别，便于使用单击事件。

（3）在 onTap 事件中，通过 setState() 方法，对 selected 的值进行更改，以使容器组件根据新的值进行重新绘制，实现动画效果。

（4）将 Container 组件更改为 AnimatedContainer 动画组件。

（5）color 属性不再是一个固定值，而是根据 selected 布尔值的不同而不同，通过颜色值变化实现动画效果。

（6）curve 属性表示动画变换的时间分配，调整动画随时间的变化率，允许它们加速和减速。通过 curve，可以使前面动画变化得快，后面动画变化得慢，也可以使前一段时间动画变化得慢，而后一段时间动画变化得快等，而不是以恒定的方式呈现动画。如果没有这个属性，则表示时间的变化是均匀的。这个属性可选，如 Curves.fastOutSlowIn 表示快出慢进，前一段时间颜色变化得快，后一段时间变化得缓慢。可以在 Curves 类中，查询到相关变化的情况，如 bounceIn、bounceInOut、easeInOut、easeOutSine、elasticIn 等 40 多种时间动画变化情况。

（7）duration 动画的持久时间，这里是以秒计，也可以更改为天、日、分钟、秒、毫秒、微秒等。

```
Duration Duration({
  int days = 0, int hours = 0, int minutes = 0,
  int seconds = 0, int milliseconds = 0, int microseconds = 0
})
```

还可以自定义动画的变化情况，只要继承自 Curve 类，重写 transformInternal() 方法就可以了。以正弦曲线随时间的变化情况来呈现动画效果，代码如下：

```
//第15章 15.3 定义正弦变换曲线
class SineCurve extends Curve{
    final double count;
    SineCurve({this.count = 1});

    double TransformInternal(double t){
        return sin(count * 2 * pi * t) * 0.5 + 0.5;
    }
}
```

在 15.2 节的代码中，将 curve 属性的值改为上面的类的实例即可。

在隐式动画类中，其他的动画实现效果类似，如可以通过修改组件属性的长度、宽度或位置的值实现相应的长度动画、宽度动画、位置动画等。

隐式动画类是对组件属性值的变化实现动画效果，要想对组件的任意的属性实现动画效果，可以使用 TweenAnimationBuilder 类。

15.1.2　TweenAnimationBuilder 的使用

动画属性的类型（Color、Rect、double 等）通过所提供的 Tween 的类型（例如 ColorTween、RectTween、Tween<double>等）来定义。也就是要实现哪一个属性的变化，就传入相应类型的参数，如要实现颜色的变化，则传入的是颜色的参数。

实现 IconButton 按钮的属性颜色的渐变，代码如下：

```
//第15章 15.4 IconButton 按钮的属性颜色的渐变
Color _myColor = Colors.blue;
…
body: Center(
      child: TweenAnimationBuilder<Color?>(
        tween: ColorTween(begin: Colors.amber, end: _myColor),
        duration: const Duration(seconds: 2),
        builder: (BuildContext context, Color? color, Widget? child) {
          return IconButton(
            iconSize: 96,
            color: color,
            icon: child!,
            onPressed: () {
              setState(() {
                _myColor = _myColor == Colors.blue ? Colors.red : Colors.blue;
              });
            },
          );
```

```
        },
        child: const Icon(Icons.star),
      ),
```

TweenAnimationBuilder 中和动画有关常用参数的含义如下：

(1) tween 属性在这里表示最开始时，从黄色渐变到蓝色。

(2) duration 属性表示动画持续的时间为 2s。

(3) builder 表示对里面的子组件实现动画，在这里实现动画的是 color 属性颜色变化动画。对于动画变化过程中的每个值的变化，相应地，builder 里的内容都会被执行一次，也就是界面将要被重绘一次，以实现动画效果。

(4) onPressed 单击事件实现颜色从蓝色到红色之间的渐变。

(5) onEnd 在每次动画完成时，会被调用。

(6) curve 设置动画的持续时间。

15.2 显式动画

一般地，隐式动画更简单，它自动管理它自己的动画控制类，对于属性的变化，只需配置 duration 或 curve 值就可以实现动画了，而显式动画，则要自己定义动画的控制类，显式地将来自动画管理类（AnimationController）的 Listenable 值作为它的参数。当给定的监听器（Listenable）的值改变时，这个组件的界面就要重绘。

AnimationController 是动画的控制器，可以实现以下功能：

(1) 控制动画的前进、后退或停止功能。

(2) 设置动画的指定值。

(3) 定义动画值的上边界和下边界。

(4) 使用物理模拟创建动画效果，如对带有重力和速度的物体的模拟。

一般动画控制类在持续周期内，从 0 到 1 均匀地变化。只要运行应用程序的设备准备好显示新帧，动画控制器就会生成新值，大概每秒变化 60 次。

TickerProvider 接口描述了 Ticker 对象的工厂模式。动画控制器类需要在构造方法中使用 vsync 异步参数来配置 TickerProvider。Ticker 使用 SchedulerBinding 来注册自己，并在每一帧触发回调。AnimationController 类使用一个 Ticker 单步遍历它控制的动画。

如果类只需一个 Ticker（例如，如果类在其整个生命周期中只创建一个 AnimationController），则 SingleTickerProviderStateMixin 会更有效，否则使用 TickerProviderStateMixin。

与 StatefulWidget 一起使用时，通常会在 State.initState 初始化状态中创建 AnimationController，当不再需要 AnimationController 时，应将其在 State.dispose() 方法中丢弃，这降低了内存泄漏的可能性。

显式动画类一般是对组件的一个属性实现动画效果,以结尾加 Transition 表示。对于涉及附加状态更复杂的情况,则可以考虑使用 AnimatedBuilder 实现动画效果。

常见的显式动画类有以下 12 种。

（1）AnimatedBuilder：对于复杂的动画用例非常有用,类的命名方式也和下面不一样。
（2）AlignTransition：对对齐方式实现的动画。
（3）DecoratedBoxTransition：对盒子的大小、边角、颜色等实现的修饰动画。
（4）DefaultTextStyleTransition：文本类型的动画。
（5）PositionedTransition：位置动画。
（6）RelativePositionedTransition：相对位置动画。
（7）RotationTransition：旋转动画。
（8）ScaleTransition：对一个组件的大小实现动画。
（9）SizeTransition：对自己的尺寸大小实现动画。
（10）SlideTransition：组件的滑动动画,从一个位置滑动到另一个位置。
（11）FadeTransition：透明度变化动画。
（12）AnimatedModalBarrier：阻止组件与用户交互的动画。

15.2.1 AlignTransition 显式动画

下面以 AlignTransition 为例讲解显式动画的用法,其他的显式动画的用法与此类似。

第 1 步,在有状态组件中,混入实现 withSingleTickerProviderStateMixin。如果一种状态用于多个 AnimationController 对象,或者如果状态被传递给其他对象,并且这些对象可能会被使用一次以上,则使用常规的 TickerProviderStateMixin。在仅有单个 AnimationController 的状态下,SingleTickerProviderStateMixin 为更有效的使用方式,代码如下：

```
class _AlignTransitionDemoState extends State<AlignTransitionDemo>
  with SingleTickerProviderStateMixin {
```

第 2 步,定义控制类,表示动画持久时间为 2s,并重复实现动画。vsync 表示任何想在触发帧时得到通知的对象都可以使用 Tickers,这里通过步骤 1 的混入实现。最后的..repeat 表示重复实现动画效果,代码如下：

```
late final AnimationController _controller = AnimationController(
  duration: const Duration(seconds: 2),
  vsync: this,
)..repeat(reverse: true);
```

第 3 步,定义动画类,并将动画控制类作为参数传入。在初始化方法中动画类实现动画位置的变化。Tween 中可以实现颜色、大小、位置等动画效果,只要传入相应类型的值就可

以了,代码如下:

```dart
//第 15 章 15.5 定义动画类,并在初始化方法中实例化
late Animation<AlignmentGeometry> _aligment;
@override
void initState() {
   _aligment = Tween(begin: Alignment.bottomCenter, end: Alignment.center)
       .animate(_controller);
   super.initState();
}
```

第 4 步,在子组件中实现动画属性的变化,代码如下:

```dart
child: AlignTransition(
    alignment: _aligment,
    child: Text("data"),
),
```

第 5 步,动画控制类的销毁,代码如下:

```dart
@override
void dispose() {
   _controller.dispose();
   super.dispose();
}
```

15.2.2　AnimatedBuilder 的用法

在复杂的组件中包含动画,AnimatedBuilder 非常有用。只需构造要实现动画的子组件并将其传递到 AnimatedBuilder 的 builder()函数中,代码如下:

```dart
//第 15 章 15.6 AnimatedBuilder 复杂的组件动画实现
@override
class _AnimatedBuilderDemoState extends State<AnimatedBuilderDemo>
   with TickerProviderStateMixin {
  late final AnimationController _controller = AnimationController(
    duration: const Duration(seconds: 10),
    vsync: this,
  )..repeat();

  @override
  void dispose() {
   _controller.dispose();
   super.dispose();
```

```
    }
    @override
    Widget build(BuildContext context) {
     return AnimatedBuilder(
      animation: _controller,
      child: Container(
        width: 200.0,
        height: 200.0,
        color: Colors.green,
        child: const Center(
         child: Text('Whee!'),
        ),
      ),
      builder: (BuildContext context, Widget? child) {
        return Transform.rotate(
         angle: _controller.value * 2.0 * math.pi,
         child: child,
        );
      },
     );
    }
  }
```

在上面的代码片段中，混入了 TickerProviderStateMixin 类，定义了 AnimationController 类的变量，实现动画的重复实现，并在 dispose 中对它进行了销毁。

在 AnimatedBuilder 类的构造函数中，传入动画控制参数变量 controller，在 child 属性中传入要实现动画的子组件，在 builder 属性中传入定义的子组件，并对它实现动画。在 child 属性中，预构建的子对象是可选的，但是在某些情况下可以显著地提高性能，因此是一个很好的选择。

15.2.3 显式动画和隐式动画的区别

隐式动画中包含了常用组件的动画，但是隐式动画大都仅仅是对属性的值进行修改，以便产生动画，而显式动画 animatedwidget（及其子类）采用显式 Listenable 作为参数，该参数通常是从 AnimationController 派生的动画。在大多数情况下，AnimationController 的生命周期必须由开发人员手动管理。用 static final Tween 对变量进行定义可以提高性能。

15.3 组件动画 Hero

组件动画表示在路由跳转时，实现从一个组件到另一个组件变换的动画，大都是图像的变化。在跳转过程中，源图像和目标图像使用同样的标记来识别和执行这个动画。

当单击屏幕左上角的方块时，以动画方式跳转到另一个页面，在中间显示一个大的方块,其中两个方块之间有动画跳转效果。

在第 1 段代码片段中,定义了 Hero 组件。其中 placeholderBuilder 属性表示跳转过程中源位置的显示内容。tag 属性表示跳转的标签值,要和目的组件标签值一样,以便系统能在源组件和目的组件之间渐变,代码如下:

```
//第 15 章 15.7 源动画组件
ListTile(
        leading: Hero(
          placeholderBuilder: (context, heroSize, child) {
            return Text("...");
          },
          tag: 'herodemo',
          child: _blueRectangle(const Size(50, 50)),
        ),
        onTap: () => _gotoDetailsPage(context),
        title: const Text('单击左边的图标查看 Hero 动画效果.'),
      ),
```

通过单击事件跳转到下一个页面,关键为 Hero 组件代码,它的 tag 属性的值要和源组件的 tag 属性值一致。child 属性表示渐变的目标内容,代码如下:

```
//第 15 章 15.8 目标动画组件
void _gotoDetailsPage(BuildContext context) {
    Navigator.of(context).push(MaterialPageRoute<void>(
      builder: (BuildContext context) => Scaffold(
        appBar: AppBar(
          title: const Text('第 2 个页面'),
        ),
        body: Center(
          child: Column(
            mainAxisAlignment: MainAxisAlignment.center,
            children: <Widget>[
              Hero(
                tag: 'herodemo',
                child: _blueRectangle(const Size(200, 200)),
              ),
            ],
          ),
        ),
      ),
    ));
  }
```

15.4 TweenSequence 的用法

TweenSequence 表示分时段,依次执行。允许创建由一系列 TweenSequenceItem 定义的动画。每个 TweenSequenceItem 都有一个权重,用于定义其在动画持续时间中所占的百分比。每个 tween 定义的动画在其权重指示间隔期间的值。在前 40% 时间段内,数字从 5 变化到 10,在中间的 20% 时间段内,数字为 10,在最后的 40% 时间段内数字从 10 变化到 5,代码如下:

```
//第15章 15.9 TweenSequence 分时段动画实现
final Animation<double> animation = TweenSequence<double>(
<TweenSequenceItem<double>>[
    TweenSequenceItem<double>(
      tween: Tween<double>(begin: 5.0, end: 10.0)
        .chain(CurveTween(curve: Curves.ease)),
      weight: 40.0,
    ),
    TweenSequenceItem<double>(
      tween: ConstantTween<double>(10.0),
      weight: 20.0,
    ),
    TweenSequenceItem<double>(
      tween: Tween<double>(begin: 10.0, end: 5.0)
        .chain(CurveTween(curve: Curves.ease)),
      weight: 40.0,
    ),
  ],
).animate(myAnimationController);
```

在 Flutter 框架中,实现页面动画的方式除了隐式动画和显式动画外,最难的实现方式为通过 CustomPainter 自定义绘图类,以绘图的方式实现动画。

15.5 页面间跳转实现动画效果

在 Flutter 中,单击一个链接,可以跳转到另一个页面。如果想在跳转的过程中增加动画,则可以通过 PageRouteBuilder 实现,代码如下:

```
//第15章 15.10 页面间跳转实现动画效果
Navigator.push(
context,
PageRouteBuilder(
```

```
      opaque: true,
      transitionDuration: const Duration(milliseconds: 1000),
      pageBuilder: (BuildContext context, _, __) {
        return OtherWidget();
      },
      transitionsBuilder:
        (_, Animation<double> animation, __, Widget child) {
        return FadeTransition(
          opacity: animation,
          child: RotationTransition(
            turns: Tween<double>(begin: 0.0, end: 1.0).animate(animation),
            child: child,
          ),
        );
    }));
```

15.6 自定义绘图及动画

15.6.1 自定义绘图

在 Flutter 中,我们也可以通过自定义实现绘图。和绘图有关的类主要有 CustomPaint、CustomPainter、Paint 和 Canvas。

CustomPaint 组件的构造方法,代码如下:

```
const CustomPaint(
    {Key? key,
    CustomPainter? painter,
    CustomPainter? foregroundPainter,
    Size size = Size.zero,
    bool isComplex = false,
    bool willChange = false,
    Widget? child}
)
```

CustomPaint 组件在绘制阶段提供画布。当要求绘制时,CustomPaint 首先要求 painter 在当前画布上绘制,其次为子节点 child,最后完成绘制的为 foregroundPainter。画布的坐标系与 CustomPaint 对象的坐标系匹配。绘制应该在一个从原点开始的矩形内作画,并包围给定大小的区域。自定义绘画通常根据自己的子组件来定自己的尺寸大小。isComplex 和 willChange 与绘图的缓存设置有关。

在绘画中,左上角为原点位置,向右为 X 轴的正方向,向下为 Y 轴的正方向。顺时针为旋转正方向,如图 15-1 所示。

实现绘画的为 CustomPainter 组件,需要调用两种方法,即 paint()和 shouldRepaint()方法。

每当需要重新绘制时,都会调用 paint()方法。当提供新实例时,将调用 shouldRepaint()方法,以检查新实例是否表示不同的信息,以便实现重绘。可选的方法为 hitTest()和 shouldRebuildSemantics()方法和 semanticsBuilder 属性。当用户与底层渲染对象交互时,将调用 hitTest()方法,以确定用户是否击中该对象或未击中该对象。每当自定义对象需要重建其语义信息时,就会调用 semanticsBuilder。当提供类的新实例时,将调用 shouldRebuildSemantics()方法,以检查新实例是否包含影响语义树的不同信息。

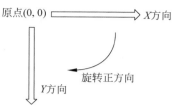

图 15-1 自定义绘图坐标指示

通过 paint()方法实现具体的绘制,paint()方法的格式如下:

```
//CustomPainter 类中的 paint 方法
paint(Canvas canvas, Size size) → void
```

在 paint()方法中,可以通过 canvas 实现在场景中绘图,canvas 拥有多种绘制点、线、路径、矩形、圆形及添加图像的方法,结合这些方法可以绘制出多种多样的画面。size 表示绘图中场景的信息,包括宽度和高度等。

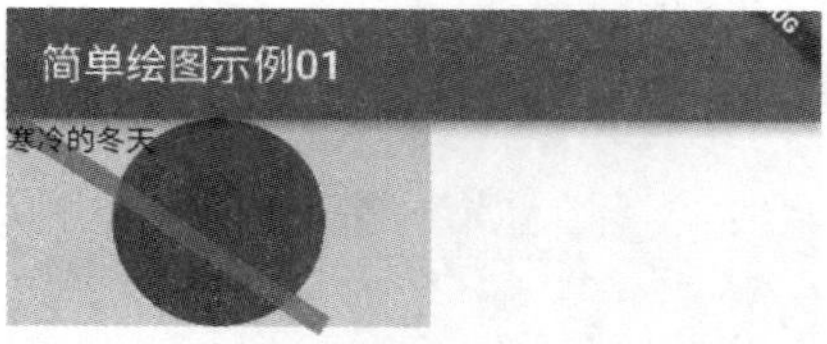

Paint 类的功能为在画布上绘制时要使用的样式,如可以设置画笔的颜色、粗细、是否抗锯齿、笔触形状及作画风格等。

在容器中实现基本的绘图功能,绘制出了一条直线和圆,如图 15-2 所示。

图 15-2 实现基本的绘图功能

第 1 步,在容器中使用自定义视图,代码如下:

```
//第 15 章 15.11 在容器中使用自定义视图
@override
  Widget build(BuildContext context) {
    return Scaffold(
      appBar: AppBar(
        title: const Text('简单绘图示例 01'),
      ),
      body: Container(
        width: 200,
        height: 100,
        color: Colors.yellow,
        child: CustomPaint(
          painter: Demo01(),
```

```
          child: const Text('寒冷的冬天'),
        ),
      ),
    );
  }
```

第2步,实现自定义视图,代码如下:

```
//第 15 章 15.12 自定义绘画视图
class Demo01 extends CustomPainter {
  @override
  void paint(Canvas canvas, Size size) {
//print('${size.width}:${size.height}');
    canvas.drawCircle(                          //画圆,定义圆的圆心位置、半径和线的颜色
      const Offset(100, 50),
      50,
      Paint()..color = const Color(0xFFFF0000),
    );
    var paint = Paint()
      ..color = const Color(0xAA00FF00)
      ..strokeWidth = 10;

    canvas.drawLine(                            //画直线,定义起点、终点、线的颜色和宽度
      const Offset(0, 0),
      const Offset(150, 100),
      paint,
    );
  }

  @override
  bool shouldRepaint(Demo01 oldDelegate) => false;
}
```

Canvas类中可以实现很多种方式的绘图,如可以画出点、圆、椭圆、圆弧、线段、图像、自定义路径、实现颜色填充、将文本、图像嵌入绘图中等功能。

15.6.2 实现自定义绘图的动画效果

自定义绘图的动画效果与其他动画效果类似,此示例代码通过控制器实现自定义视图中背景颜色变化的动画效果,如图15-3所示。

实现心跳动画的关键代码如下:

图15-3 自定义绘图的动画效果

```
//第15章 15.13 自定义绘图主程序的编写
class _MyHomePageState extends State<MyHomePage>
    with SingleTickerProviderStateMixin {                              //(1)
  late AnimationController _controller;                                //(2)

  @override
  void initState() {                                                   //(3)
    super.initState();
    _controller =
        AnimationController(vsync: this, duration: const Duration(seconds: 3))
          ..addListener(() {});

    _controller.repeat(reverse: true);
  }

  @override
  Widget build(BuildContext context) {
    return SizedBox(                                                   //(4)
      width: 150,
      height: 200,
      child: RepaintBoundary(                                          //(5)
        child: CustomPaint(
          painter: MyPainter(_controller),
          child: const Center(
            child: Text(
              'LOVE',
              style: TextStyle(
                fontSize: 30,
                fontWeight: FontWeight.w900,
                color: Color(0xFFFF00FF),
              ),
            ),
          ),
        ),
      ),
    );
  }
  @override
  void dispose() {                                                     //(6)
    _controller.dispose();
    super.dispose();
  }
}
```

上述关键标记代码的含义分别如下：

(1) 通过 SingleTickerProviderStateMixin 每个动画帧调用其回调一次，协助动画控制器工作。

(2) 定义动画控制器。

(3)初始化并启动动画控制器。
(4)通过 SizedBox 构建页面。
(5)通过 RepaintBoundary 调用自定义绘图,并将控制器传入自定义绘图中。
(6)销毁资源。

实现自定义动画,传入控制器 factor.value 的值,使颜色发生了变化,代码如下:

```dart
//第15章 15.14 自定义视图动画的实现
import 'package:flutter/material.dart';

class MyPainter extends CustomPainter {
  final Animation<double> factor;

  MyPainter(this.factor) : super(repaint: factor);            //(1)

  @override
  void paint(Canvas canvas, Size size) {
    final Paint body = Paint()                                //(2)
      ..color = Color.lerp(Colors.red, Colors.yellow, factor.value)!
      ..style = PaintingStyle.fill;

    final double width = size.width;
    final double height = size.height;
    final Path path = Path();
    path.moveTo(0.5 * width, 0.35 * height);
    path.cubicTo(0.2 * width, 0.1 * height, -0.25 * width, 0.6 * height,
        0.5 * width, 0.8 * height);                           //(3)
    path.moveTo(0.5 * width, 0.35 * height);
    path.cubicTo(0.8 * width, 0.1 * height, 1.25 * width, 0.6 * height,
        0.5 * width, 0.8 * height);
    canvas.drawPath(path, body);
  }

  @override
  bool shouldRepaint(covariant MyPainter oldDelegate) {       //(4)
    return oldDelegate.factor != factor;
  }
}
```

上述关键标记代码的含义分别如下:
(1)在构造方法中传入动画控制器。
(2)通过 factor.value 的值实现在绘画中从一种到另一种颜色的变化。
(3)绘画完成左右心形的绘制。
(4)当内容不一致时,是否应重绘。

15.6.3 动画的视图调试

在调试模式下运行应用程序,然后单击 DevTools 工具栏上的 Flutter inspector 选项打开调试面板。单击 Visual Studio Code 开发环境状态栏中的 Dart 开发工具,可以看到视图的变化情况。当产生动画时,页面的整个屏幕会刷新,效率较低,通过图 15-4 可以观察到是局部刷新还是全局刷新。选择 Dart DevTools→open Widget Inspector Page,会出现如图 15-4 所示界面。右上角相应图标表示的含义如下:

⏱ 慢速动画以五分之一的速度运行动画以便对它们进行优化。

⊢⊣ 显示引导线覆盖一层引导线以帮助调整布局问题。

AA 显示基线针对文字对齐展示文字的基线。对检查文字是否对齐有帮助。

🔄 高亮重绘制内容当产生动画时,哪部分内容在不断地刷新,这部分内容将使用不同的颜色交互显示。

🖼 高亮并反转消耗过多内存的图像。

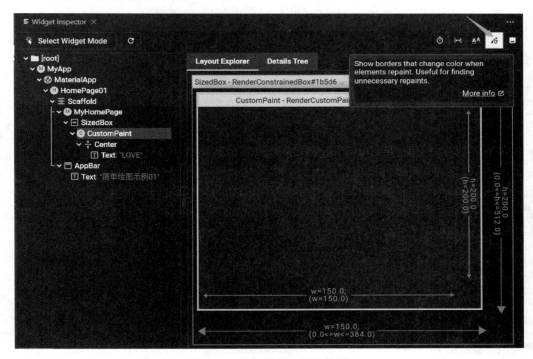

图 15-4 组件视图工具的使用

如果选中高亮重绘制内容图标,通过删除或加上 RepaintBoundary 组件,从手机模拟器上则可以观察到不同的刷新效果,有刷新效果的组件的边框会有颜色显示,如图 15-5 所示。在上例 15.14 程序中,加上 RepaintBoundary 组件,可以看到只刷新了 SizedBox 这一部分区域,如图 15-5(a)所示,局部刷新,效率较高。反之,则为整个手机屏幕界面的刷新,但效率较低,不推荐使用,如图 15-5(b)所示。

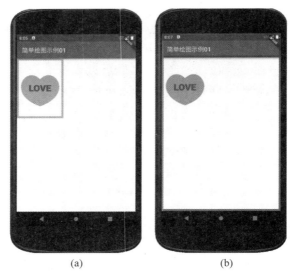

图 15-5 绘图刷新

15.7 第三方动画实现方式

在 Flutter 界面的实现中,还可以通过 animations 插件实现动画效果。animations 动画功能主要有容器的动画变换、共享轴的动画变换、淡入淡出效果等。如 simple_animations 动画插件和 flutter_staggered_animations 动画插件,在 Flutter 插件中也都有较高的人气。

Flutter 第三方包中也可以使用 animated_text_kit 插件实现文字的动画效果,如图 15-6 所示。其中包含了一些很酷的文字动画的集合,如字体的颜色变化、打字机效果和字符的跳动效果等。

图 15-6 animated_text_kit 实现文字的动画效果

Flutter 插件动画有 Lottie 和 Flutter Rive(Flare)动画。Lottie 是 Airbnb 开源的一套跨平台的完整的动画效果解决方案,设计师可以在使用 Adobe After Effects 设计出漂亮的动画之后,使用 Lottic 提供的 Bodymovin 插件将设计好的动画导出成 JSON 格式,就可以直接应用在 iOS、Android、Web 和 React Native 上,无须其他额外操作,在 Flutter 上也可以通过插件的方式运行 Lottie 动画。Rive 是一个实时交互设计和动画工具。使用协作编辑器创建响应不同状态和用户输入的运动图形,然后用轻量级开源运行时将动画加载到应用程序、游戏和网站中,可以使用 Rive 和 Flutter 制作动态可交互的动画。

第 16 章 数据存储与访问

在 Flutter 中，数据本地持久化的方式有多种，例如要将网上的图片或视频保存在本地，这就涉及文件的读写。系统登录后，想在下次不用登录而直接进入，这就涉及类似用户信息少量数据本地化处理。有时需要将多条信息存储在本地，此时就可以使用结构化查询语言的方式，通过本地数据库保存数据。

28min

16.1 shared_preferences 插件的使用

简单数据的本地存储，使用简单的键-值对进行持久化的操作，可以使用 shared_preferences 插件。例如在系统上登录后，可以将用户的登录数据保存到本地中，下次可以根据本地是否保存有登录数据，决定是否直接进入系统。如有本地登录数据，则不用再进行登录操作了，可直接进入系统，否则执行登录操作。当完成注销操作方式时，需要从本地删除登录数据。

此插件的网址为 https://pub.flutter-io.cn/packages/shared_preferences。

shared_preferences 实例化后，可以将少量的数据保存到本地。数据的类型以键-值对的形式保存，主要数据类型有 Bool、Double、Int 和 String。

保存的方式如下：

```
var prefs = await SharedPreferences.getInstance();              //(1)
prefs.setString('username', 'Tom');                             //(2)
```

上述关键标记代码的含义分别如下：
第 1 行，表示得到 shared_preferences 实例，名为 prefs。
第 2 行，表示本地存储名为 'username'，值为 'Tom' 的数据。

```
prefs.getString(username')
```

表示从 prefs 实例中，取出 username 键所对应的值。
可以使用 shared_preferences 实现计数器的本地存储，实现步骤如下：

第 1 步，在 pubspec.yaml 文件中增加 shared_preferences 依赖，如图 16-1 所示，此时的版本为 2.0.6。

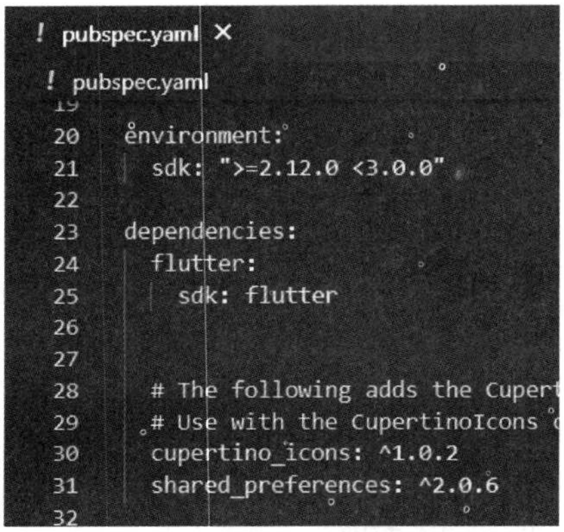

图 16-1 增加 shared_preferences 依赖

第 2 步，在工程中导入 shared_preferences 包，代码如下：

```
import 'package:shared_preferences/shared_preferences.dart';
```

第 3 步，实现计数器功能。

计数器初始值为 0，从 shared_preferences 实例中读取值，通过单击事件对这个值进行递增，然后重新保存到 shared_preferences 实例中，实现持久化操作。

当退出应用时，再重新启动，则可以从磁盘中将以前的值读取出来，即计数器的值将从上次递增的值开始计数，完整源代码如下：

```
//第 16 章 16.1 实现将计数器数据保存在本地
class _MyHomePageState extends State<MyHomePage> {
  @override
  Widget build(BuildContext context) {
    return Scaffold(                                              //(1)
      body: Center(
        child: OutlinedButton(
          onPressed: _incrementCounter,
          child: const Text('计数器'),
        ),
      ),
    );
  }

  _incrementCounter() async {
    var prefs = await SharedPreferences.getInstance();            //(2)
```

```
    int _counter = (prefs.getInt('counter') ?? 0) + 1;          //(3)
    await prefs.setInt('counter', _counter);                    //(4)
    ScaffoldMessenger.of(context).showSnackBar(                 //(5)
      SnackBar(
        content: Text('你已单击 $_counter 次'),
      ),
    );
  }
}
```

在上面的代码片段中,标记所表示的含义分别如下:

(1) 在屏幕的中心有一个按钮,当按下时,调用 incrementCounter 方法。

(2) 对 SharedPreferences 对象进行实例化,得到对象 prefs。

(3) 表示从实例中取值键名为 'counter' 的整型数据,如果没有,则默认为 0,并加 1 操作。

(4) 表示将 _counter 的值重新保存到 shared_preferences 中。

(5) 表示在屏幕的最下边提示已按下的次数。

如果退出 App,再重新登录,则计数器将从本地存储中读取数据,在此基础上进行累加,如图 16-2 所示。

图 16-2　SharedPreferences 的使用

16.2　文件读写

与文件读写相关的第三方插件比较多,如 Path_provider 插件提供了一种与平台无关但访问设备方式一致的文件系统,例如应用临时目录、文件目录等。支持 Android、iOS、

Linux、macOS 和 Windows，来处理不同系统下不同文件路径，这样会给用户带来很多便利。插件的使用比较简单，仅仅用于获取路径，并没有操作文件和目录的功能，因此，需要搭配 Director 和 File 等进行操作。另外也可以通过 image_picker 插件实现从图片库中读取图片或从相机中得到图像。

读取文本框中的内容，并保存到本地文件中，代码如下：

```
//第 16 章 16.2 读取文本框中的内容，并保存到文本中
addContent() async
{
    var content = contentController.text;                              //(1)
    final _path = await getTemporaryDirectory();                       //(2)
    var file = File('${_path.path}/content.txt');                      //(3)
    file.writeAsString('$content\n', mode: FileMode.append);           //(4)
    contentController.text = '';                                       //(5)
    }
```

关键标记代码的含义分别如下：

(1) 表示得到界面文本框中的值。

(2) 表示得到本地临时文件夹路径对象，注意还需要 _path.path 得到具体的路径。

(3) 表示得到临时文件夹中的文件 content.txt。

(4) 表示将内容追加到 content.txt 文件中，FileMode.append 表示将内容追加到文件中，否则会覆盖原来的文件。

(5) 表示清空文本框中的值。

通过 file.readAsString() 方法读取临时文件夹中文件的内容，含义与上面类似，不再赘述，代码如下：

```
//第 16 章 16.3 从临时文件夹中读取文件信息，并输出在控制台上
readContent() async {
    final _path = await getTemporaryDirectory();
    var file = File(
      '${_path.path}/content.txt',
    );
    var result = await file.readAsString();
    print(result);
}
```

16.3 SqLite 的使用

SQLite 是一个 C 语言库，它实现了一个小型、快速、自包含、高可靠性、功能齐全的 SQL 数据库引擎。SQLite 是世界上使用最多的数据库引擎之一。SQLite 内置于所有手机和大多数计算机中，并捆绑在人们每天使用的无数其他应用程序中。

SQLite 是一个嵌入式 SQL 数据库引擎。与大多数其他 SQL 数据库不同，SQLite 没有单独的服务器进程。SQLite 直接读取和写入普通磁盘文件，包含多个表、索引、触发器和视图，完整 SQL 数据库包含在单个磁盘文件中。

SQLite 是一个紧凑的库。启用所有功能后，库的大小可以小于 750KiB，具体取决于目标平台和编译器优化设置。SQLite 通常内存越大，运行得越快，然而，即使在内存不足的环境中，性能通常也相当好。根据它的使用方式，SQLite 可以比文件系统 I/O 更快。SQLite 有免费版和收费版两种，免费版可满足中小型企业的一般需求。

16.3.1　SQL 语法及常用的用法

类似于其他的 SQL（结构化查询语言，Structured Query Language）数据库，它可以通过 SQL 实现对数据的处理，如添加数据、修改数据和删除数据。

相关的 SQL 语法如下：

（1）批处理 batch() 创建批处理，用于在单个原子操作中执行多个操作。可以使用 batch 按不同批次提交。提交时如果批处理是在事务中创建的，则在事务完成时将提交该批处理。依次执行了增加、更新、删除操作，由于执行了三条语句，提交时将以事务的方式进行提交，代码如下：

```
//第 16 章 16.4 批处理的执行
    batch = db.batch();
    batch.insert('Test', {'name': 'item'});
    batch.update('Test', {'name': 'new_item'}, where: 'name = ?', whereArgs: ['item']);
    batch.delete('Test', where: 'name = ?', whereArgs: ['item']);
    results = await batch.commit();
```

（2）SQLite 的查询语法与 SQL 中的 SELECT 语句类似，也包含了表名、列名、参数、分组等信息，语法及示例代码如下：

```
//第 16 章 16.5 查询的语法及示例
    //查询语法结构
    query(String table, {bool? distinct, List < String >? columns, String? where, List < Object? >? whereArgs, String? groupBy, String? having, String? orderBy, int? limit, int? offset})
    //查询示例
    _db.query('$favoritesTable', columns: ['imageId', 'url']);
```

（3）SQLite 的添加语法与 SQL 中的 INSERT 语句类似，也包含了表名、以 Map 形式要添加的内容（添加的列名及对应的值）等信息，语法结构及示例代码如下：

```
//第 16 章 16.6 增加的语法及示例
    //添加语法结构
      insert (String table, Map < String, Object? > values, {String? nullColumnHack,
ConflictAlgorithm? conflictAlgorithm}) → Future < int >
```

```
//添加示例
    _db.insert('$favoritesTable', {'imageId': imageId, 'url': imageUrl});
```

（4）SQLite 的修改语法与 SQL 中的 MODIFY 语句类似，也包含了表名、以 Map 形式要添加的内容（添加的列名及对应的值）、修改的条件等信息，修改的语法结构及示例代码如下：

```
//第 16 章 16.7 修改的语法及示例
    update(String table, Map<String, Object?> values, {String? where, List<Object?>? whereArgs, ConflictAlgorithm? conflictAlgorithm}) → Future<int>
    //修改示例
    _db.update('$favoritesTable', user.toMap(),
        where: "$columnId = ?", whereArgs: [user.id]);
```

（5）SQLite 的删除语法与 SQL 中的 DELETE 语句类似，包含要删除的表名及条件等，删除的语法结构及示例代码如下：

```
//第 16 章 16.8 删除的语法及示例
    //删除语法结构
    delete(String table, {String? where, List<Object?>? whereArgs})
    //删除示例
    _db.delete('$favoritesTable', where: 'imageId = ?', whereArgs: [imageId]);
```

在移动设备中，我们也可以通过第三方插件 sqlFlite 在本地实现对数据使用 SQL 来保存数据。在 Flutter 中，所用的插件为 sqflite，使用方法为增加依赖，代码如下：

```
dependencies:
    ...
    sqflite:版本号
```

在要使用的类中导入相应的包，代码如下：

```
import 'package:sqflite/sqflite.dart';
```

16.3.2　使用第三方插件 sqlflite 创建记事本

下面以一个简单的记事本为例，说明 Flutter 第三方插件 sqlflite 的使用。
第 1 步，在 pubspec.yaml 文件中导入 sqlflite 第三方插件，代码如下：

```
environment:
  sdk: ">=2.2.2 <3.0.0"

dependencies:
```

```
flutter:
  sdk: flutter
outline_material_icons: ^0.1.0
sqflite: ^1.1.5
intl: ^0.15.8
```

第 2 步，定义 Flutter 文件的工程结构，如图 16-3 所示。

图 16-3　记事本程序结构图

第 3 步，在 model 模型文件中，定义 Diary 类的属性，包含 id、title、content、date 共 4 个属性。通过 fromMap() 方法将 Map 类型的数据转换为 Diary 实体对象。通过 toMap() 方法将实体类中的属性的数值转换为 Map 类型的数据，代码如下：

```
//第 16 章 16.9 定义 Diary 实体类
class Diary {
    int id;
    String title;
    String content;
    DateTime date;

    Diary({this.id, this.title, this.content, this.date});

    Diary.fromMap(Map<String, dynamic> map) {
      this.id = map['_id'];
      this.title = map['title'];
      this.content = map['content'];
      this.date = DateTime.parse(map['date']);
    }

    Map<String, dynamic> toMap() {
      return <String, dynamic>{
        '_id': this.id,
        'title': this.title,
        'content': this.content,
        'date': this.date.toIso8601String()
      };
    }
}
```

在数据库文件中,实现数据库数据对象,代码如下:

```
//第16章 16.10 数据库数据对象的实现
  class DiaryDatabaseService {
    DiaryDatabaseService._();                                              //(1)
    static final DiaryDatabaseService db = DiaryDatabaseService._();
    Database _database;                                                    //(2)
    Future<Database> get database async {                                  //(3)
      if (_database != null) return _database;

      _database = await init();
      return _database;
    }

    init() async {
  String path = await getDatabasesPath();                                  //(4)
  path = join(path, 'Diary.db');                                           //(5)
      return await openDatabase(path, version: 1,                          //(6)
        onCreate: (Database db, int version) async {
          await db.execute(                                                //(7)
            'CREATE TABLE Diary (_id INTEGER PRIMARY KEY, title TEXT, content TEXT, date TEXT);
');

      });
    }
```

上述关键标记代码表示的含义分别如下:
(1) 定义了静态的类对象。
(2) 定义了数据库对象。
(3) 通过异步调用第4步的初始化方法,得到数据库对象。
(4) 得到数据库文件所在的路径。
(5) 得到数据库文件的完整路径。
(6) 打开数据库。
(7) 创建表 Diary。

在这个文件中,还实现了对数据库中表的查询操作,代码如下:

```
//第16章 16.11 查询表中的信息,得到结果返回数据
    Future<List<Diary>> getDiary() async {
      final db = await database;                                           //(1)
  List<Diary> diaryList = [];
      List<Map> maps =                                                     //(2)
          await db.query('Diary', columns: ['_id', 'title', 'content', 'date']);
      if (maps.length > 0) {                                               //(3)
```

```
      maps.forEach((map) {
        diaryList.add(Diary.fromMap(map));
      });
    }
    return diaryList;                                              //(4)
  }
```

在上面的代码片段中关键标记代码表示的含义分别如下：
（1）表示得到数据库对象，并对包含 Diary 对象的 diaryList 列表初始化。
（2）通过数据库查询表 Diary，columns 中包含要查询的列。
（3）如果有查询的记录，则通过 maps.forEach 方式，将查询的内容保存到 diaryList 列表中。
（4）返回列表，供显示或其他业务需要。

在下面的代码中实现了修改功能，在 update() 方法中，Diary 表示查询的表名，updatedNote.toMap() 表示要修改的内容，此处将传入的实体类对象的值转换为 Map 对象，供数据库修改，where 表示条件中的列名，whereArgs 表示条件中列的值，最后实现的效果类似"Update Diary set.. where _id=3"语句。

updateNote() 方法实现了修改的功能，代码如下：

```
//第 16 章 16.12 修改表中的记录，updatedNote 中包含要修改的内容，id 为条件
  updateNote(Diary updatedNote) async {
    final db = await database;
    await db.update('Diary', updatedNote.toMap(),
        where: '_id = ?', whereArgs: [updatedNote.id]);
  }
```

deleteNote() 方法实现了删除的功能，代码如下：

```
//第 16 章 16.13 删除表中的记录
  deleteNote(Diary noteToDelete) async {
    final db = await database;
    await db.delete('Diary', where: '_id = ?', whereArgs: [noteToDelete.id]);
  }
```

addNote() 方法表示将一条记录新增到数据库表中。此处使用了事务，保证了添加记录的完成，代码如下：

```
//第 16 章 16.14 将一条记录新增到数据库中
    addNote(Diary newNote) async {
  final db = await database;
  //添加了事务，保证了添加功能的完成
```

```
            int id = await db.transaction((transaction) {
              transaction.rawInsert(
                  'INSERT into Diary (title, content, date) VALUES ( " ${newNote.title}", "${newNote.content}", "${newNote.date}");');
            });
          }
```

关闭数据的操作，一般情况下，不必关闭数据库，代码如下：

```
closeDatabase() {
  _database.close();
}
```

在主界面 home.dart 文件中，显示记事本中的每条信息，包含标题、内容和日期，底部按钮实现添加日记功能，如图 16-4 所示。

图 16-4　记事内容的显示

关键代码如下：

```
//第 16 章 16.15 记事本中变量的初始化
    List<Diary> diaryList = [];                                       //(1)
    @override                                                          //(2)
      void initState() {
        super.initState();
        DiaryDatabaseService.db.init();
```

```
    }
    getDiaryFromDB() async {                                              //(3)
      return await DiaryDatabaseService.db.getDiary();
    }
```

上述关键标记代码的含义分别如下：
(1) 表示定义了包含 Diary 的列表，并初始化。
(2) 表示在初始化状态中，对数据库进行了初始化。
(3) 表示通过数据库服务类查询得到记录列表。

通过浮动按钮跳转到添加内容页面，代码如下：

```
//第 16 章 16.16 单击浮动按钮跳转到添加内容页面
    floatingActionButton: FloatingActionButton(
          child: Icon(Icons.add),
          onPressed: () {
            addDiary();
          },

    void addDiary() {    //添加日记功能的跳转
      Navigator.push(
          context, MaterialPageRoute(builder: (context) => AddDiaryPage()));
    }
```

在首页的内容显示中，通过异步操作显示内容列表，代码如下：

```
//第 16 章 16.17 通过异步操作显示内容列表
    body: Container(                                                      //(1)
          height: MediaQuery.of(context).size.height,                     //(2)
          child: FutureBuilder(                                           //(3)
            future: getDiaryFromDB(),
            builder: (context, snapshot) {
              if (snapshot.hasData) {
                diaryList = snapshot.data;
                return ListView.builder(                                  //(4)
                    itemCount: diaryList.length,
                    itemBuilder: (context, index) {
                      return Dismissible(                                 //(5)
                        key: GlobalKey(),
                        onDismissed: (context) {
                          deleteDiary(diaryList[index]);
                        },
                        child: ListTile(                                  //(6)
                          title: Text('${diaryList[index].title}'),
                          subtitle: Text('${diaryList[index].content}'),
                          trailing: Text(
```

```
              '${DateFormat.yMd().format(diaryList[index].date)}'),
                        ),
                      );
                    });
              } else {
                return Text('no data');
              }
            },
          ),
        ),
```

上述关键标记代码的含义分别如下：
(1) 将整个屏幕定义为容器对象。
(2) 高度与屏幕保持一样。
(3) 通过 FutureBuilder 得到异步的值，如果有内容，则保存到 diaryList 中。
(4) 通过 ListView.builder 构建视图，显示每条信息。
(5) 左右滑动，调用 Dismissible 对象，使用 deleteDiary 方法删除一条记录。
(6) 使用 ListTile 显示每条记录的信息。

删除一条记录，代码如下：

```
Future<void> deleteDiary(diary) async {
  await DiaryDatabaseService.db.deleteDiary(diary);
}
```

当跳转到添加页面时，可以将一条信息添加到数据库表中，界面如图 16-5 所示。

图 16-5　记事本添加信息

当用户在屏幕上输入内容时，单击右上角的保存按钮，可以将一条记录保存到数据库表中，关键代码如下：

```
//第16章 16.18 将一条记录保存到数据库表中
    void handleSave() async {
      currentNote.title = titleController.text;           //(1)
currentNote.content = contentController.text;
currentNote.date = DateTime.now();                        //(2)
await DiaryDatabaseService.db.addNote(currentNote);       //(3)
      titleFocus.unfocus();                               //(4)
      contentFocus.unfocus();
    }
```

上述关键标记代码的含义分别如下：
（1）得到标题和内容的值。
（2）得到当前日期。
（3）将数据保存到数据库表中。
（4）文本框中失去焦点，即输入键盘界面消失。

第 17 章 Flutter 状态管理

17.1 为什么要使用状态管理

我们都知道在 Flutter 中，要改变页面显示的内容非常简单，只需使用 setState 就可以了，但是调用这种方法的代码是极其耗费系统资源的，会导致整个页面的重绘。简单的页面重绘，我们不太会感知页面的卡顿，但是如果把页面换成复杂的页面，一个按钮文字的变化都会导致整个页面的重绘，从而造成系统性能的下降。

另外，在 Flutter 进行界面开发时，我们经常会遇到数据传递的问题。由于 Flutter 采用节点树的方式组织页面，以至于一个普通页面的节点层级会很深。此时，如果还是一层层地传递数据，当需要获取多层父节点的数据时，会非常麻烦。在 Flutter 框架中，提供了一种解决方案，即通过 InheritedWidget 组件能够让节点下的所有子节点不通过传递而直接访问该节点下的数据。

17.2 什么是状态

状态，最基本的情况是同步读取数据，并且可以随时间变化。例如，文本组件值被更新以显示最新的商品价格信息，这时文本组件的状态就是该值。状态管理是在页面、组件及系统之间共享数据（状态）的方法。

在应用级别中，可以在不同的页面间共享状态。例如，身份验证状态管理器监视登录的用户，当用户注销时，它会采取适当的操作重定向到登录页面。本地状态管理应用于单个页面或单个组件中。例如，页面显示选定的项目，并且仅当项目有库存时才需要启用"购买"按钮。按钮组件需要访问库存值的状态。在 Flutter 中 StatefulWidget 就是具有可变状态的组件，通过 setState() 方法可以更改变量的状态，并将修改的内容显示在界面中。setState() 方法适用于较小规模组件的暂时性状态的基础管理方法。

在 Flutter 框架中，处理状态管理有许多不同的技术，常见的有 setState() 方法、InheritedWidget & InheritedModel、Redux、BLoC / Rx、GetX、Provider、Riverpod 等，这取决于实际项目的需求和个人偏好。

17.3 使用 InheritedWidget 实现数据共享

在 Flutter 中,数据的传递一般通过父组件的构造方法向下传递数据,但当层级较多时,数据的共享会很麻烦。这时可以通过 InheritedWidget 实现数据共享。状态管理的第三方插件(如 Scoped Model、BloC、Provider 等)就是基于 InheritedWidget 实现的。

使用 InheritedWidget 实现数据共享,实现步骤如下。

第 1 步,定义 CounterState 类,继承自 InheritedWidget,代码如下:

```
//第 17 章 17.1 定义 CounterState 类,继承自 InheritedWidget
class CounterState extends InheritedWidget {                                       //(1)
  CounterState({required Key key, required this.counter, required Widget child})   //(2)
      : super(key: key, child: child);
  final int counter;                                                               //(3)
  static CounterState? of(BuildContext context) {                                  //(4)
    return context.dependOnInheritedWidgetOfExactType<CounterState>();
  }
  @override                                                                        //(5)
  bool updateShouldNotify(covariant CounterState oldWidget) {
    return counter != oldWidget.counter;
  }
}
```

上面关键标记代码的含义分别如下:
(1) 定义类 CounterState,继承自 InheritedWidget。
(2) 在构造方法中传入要共享的变量 counter 和子组件 child。
(3) 定义变量 counter,用于接收从构造方法中传入的值。
(4) 从构建的上下文中获取特定类型的继承组件的最近 CounterState 实例。
(5) 当变量发生变化时,框架是否应该通知继承这个类的组件。变量的变化会导致继承这个组件的子组件发生重构。

第 2 步,修改变量的值,代码如下:

```
//第 17 章 17.2 单击改变_counter 变量的值
class _InheritedCountState extends State {
  int _counter = 0;

  @override
  Widget build(BuildContext context) {
    return Scaffold(
      appBar: AppBar(
        title: Text('InheritedDemo'),
```

```
      ),
      floatingActionButton: FloatingActionButton(
        onPressed: () {
          setState(() {
            _counter++;
          });
        },
        child: Icon(
          Icons.add,
          color: Colors.white,
        ),
      ),
      body: Center(
        child: CounterState(
          counter: _counter,
          key: GlobalKey(),
          child: ChildWidget(),
        ),
      ),
    );
  }
}
```

第 3 步从上下文中得到 CounterState 中变量的值 counter，并通过 Text 组件显示。这种方式可以在后代组件中直接得到祖先组件中变量的值，比层层传递数据方便了很多，代码如下：

```
//第 17 章 17.3 显示 counter 变量的值
class ChildWidget extends StatelessWidget {
  @override
  Widget build(BuildContext context) {
      return Text(
  //从 CounterState 中得到变量的值 counter,并显示
  CounterState.of(context)!.counter.toString(),
  style: TextStyle(color: Colors.green, fontSize: 100),
    );
  }
}
```

17.4　使用 InheritedModel 实现局部刷新

InheritedModel＜T＞继承自 InheritedWidget，主要解决有的组件可能仅依赖于整个模型的一部分，避免了全部刷新。当包含多个参数时，如一个参数发生变化时，只会刷新使用

了这个参数的组件,其他组件的外观不会发生变化,也就是不会刷新,如图 17-1 所示。

可以实现当单击上面的数字或下面的数字时,数字分别实现递增。当我们单击上面的数字时,只有上部的界面发生变化,单击下面时,只有下面的界面发生变化,从而实现了局部的刷新。局部刷新能更好地提高 Flutter 的运行性能。这种类型中的参数 T 是模型方面对象的类型,指继承了模型的组件可以使用的参数。

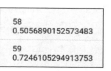

图 17-1　实现局部刷新

上述实现局部刷新功能的操作步骤如下。

第 1 步,定义枚举类型 T,里面包含了 age 和 height,代码如下:

```
enum UserType { age, height }
```

第 2 步,实现继承自 InheritedModel,代码如下:

```
//第 17 章 17.4 定义使用 InheritedModel 实现局部刷新模型类
    import 'package:flutter/material.dart';
    import 'user_type.dart';
    class UserInheritedModel extends InheritedModel<UserType> {         //(1)
      final int age;
      final int weight;
      const UserInheritedModel(                                          //(2)
          {required this.age, required this.weight, required Widget child})
          : super(child: child);
      static UserInheritedModel? of(BuildContext context,                //(3)
          {required UserType aspect}) {
        return InheritedModel.inheritFrom<UserInheritedModel>(context,
            aspect: aspect);
      }
      @override                                                          //(4)
      bool updateShouldNotify(UserInheritedModel old) {
        return age != old.age || weight != old.weight;
      }
      @override                                                          //(5)
      bool updateShouldNotifyDependent(
          UserInheritedModel old, Set<UserType> aspects) {
        return (aspects.contains(UserType.age) && age != old.age) ||
            (aspects.contains(UserType.height) && weight != old.weight);
      }
    }
```

在上述代码中,对两个变量 age 和 weight 进行了值的变化的通知,关键标记代码的含义分别如下:

(1) 定义 InheritedModel,UserType 为参数的个数,类型为枚举类型。

（2）定义构造方法，传入相应的值。该类支持由 aspects 限定的依赖项，即后代组件可以指示仅当模型的特定方面发生更改时才应重建它。

（3）使用静态方法 InheritedModel.inheritFrom 在 InheritedModel 上创建依赖项。

（4）由 updateShouldNotify 和 updateShouldNotifyDependent 共同决定是否通知更新。

（5）当 updateShouldNotify 返回值为 true 时，继承模型的 updateShouldNotifyDependent() 方法针对每个依赖项及其依赖的 aspects 对象集进行测试，将 aspects 依赖项集与模型本身中的更改进行比较。

定义 AgePage 组件类，使用 age 变量显示在屏幕上，代码如下：

```
//第 17 章 17.5 在 AgePage 组件类中，将 age 变量的值显示在屏幕上
class AgePage extends StatelessWidget {
  final UserType ideaType;

  const AgePage({Key? key, required this.ideaType}) : super(key: key);

  @override
  Widget build(BuildContext context) {
    final UserInheritedModel? _ideasTypeIdea =                //(1)
        UserInheritedModel.of(context, aspect: ideaType);
    return Text(                                              //(2)
      '${_ideasTypeIdea!.age}\n${Random.secure().nextDouble()}',
    );
  }
}
```

关键标记代码表示的含义分别如下：

（1）得到 UserInheritedModel 对象。

（2）使用 UserInheritedModel 对象中的 age 变量，在这里通过后面的随机数更能直接地感受到屏幕是否刷新，也可以通过 Flutter Performance 观察每个组件的刷新变化情况。

另一个 WeightPage 与 AgePage 类似，仅是 Text 中的内容不同，这里仅使用了 weight 变量，代码如下：

```
…
return Text(
  '${_ideasTypeIdea!.weight}\n${Random.secure().nextDouble()}',
);
…
```

当在主页面显示时，可以实现局部刷新，代码如下：

```
//第 17 章 17.6 定义使用 InheritedModel 实现局部刷新界面外观
class _InheritedModelPageState extends State<InheritedModelPage> {
```

```dart
    int _age = 0;
    int _weight = 0;

    @override
    Widget build(BuildContext context) {
      return Scaffold(
        appBar: AppBar(
          title: Text('Inherited Model'),
          backgroundColor: Colors.blueGrey,
        ),
        body: Center(
          child: UserInheritedModel(                              //(1)
            age: _age,
            weight: _weight,
            child: Column(
              mainAxisAlignment: MainAxisAlignment.center,
              children: <Widget>[
                InkWell(
                  child: const AgePage(                           //(2)
                    ideaType: UserType.age,
                  ),
                  onTap: () {                                     //(3)
                    setState(() {
                      _age += 1;
                    });
                  },
                ),
                Divider(),
                InkWell(
                  child: const WeightPage(                        //(4)
                    ideaType: UserType.weight,
                  ),
                  onTap: () {                                     //(5)
                    setState(() {
                      _weight += 1;
                    });
                  },
                ),
              ],
            ),
          ),
        ),
      );
    }
  }
```

关键标记代码表示的含义分别如下：

（1）使用 UserInheritedModel 类，传入了 age 和 weight 两个变量。
（2）在 AgePage 中传入了 age 变量。
（3）通过单击实现数的递增，注意此处虽然使用了 setState() 方法，但整个页面并没有刷新。
（4）在 WeightPage 中传入了 weight 变量。
（5）通过单击实现数的递增，与第 3 步类似。

17.5 使用 Provider 管理状态

Provider 第三方插件是对 InheritedWidget 的封装。我们为什么要用 Provider 而不是直接使用 InheritedWidget，Provider 具有以下的优点：

（1）更易于使用和重用。
（2）简化的资源分配与处置。
（3）懒加载。
（4）创建新类时减少大量的模板代码。
（5）支持 DevTools 开发工具的使用。
（6）更通用的调用 InheritedWidget 的方式（参考 Provider.of/Consumer/Selector）。
（7）提升了类的监听机制的可扩展性，其他的监听机制的时间复杂度以指数级增长（如 ChangeNotifier，其复杂度为 $O(N)$）。
（8）实现了程序界面外观与业务逻辑的分离。

由于 Provider 状态管理插件具有很多的优点，flutter_bloc 和 Mobx 在它们的架构中也使用了 Provider。

Provider 主要包括以下几种类型，见表 17-1。

表 17-1 Provider 种类

Provider	最基本的使用方式，创建值、存储值并将其公开给其子组件，但值的修改不会重构组件
ListenableProvider	监听对象的特定提供者，ListenableProvider 将侦听对象，并在调用侦听器时要求依赖该对象的组件重构
ChangeNotifierProvider	改变通知的提供者，一般要与 ChangeNotifier 类配合使用
ValueListenableProvider	值监听的提供者，仅公开 ValueListenable.value
StreamProvider	流的提供者，侦听流并公开发出的最新值，和 FutureProvider 类似，主要的区别在于值会根据多次触发重新构建界面
FutureProvider	builder 的返回值类型是 Future，并且可以通过 initiaData 指定初始值，接收一个 `Future`，并在其进入 complete 状态时更新依赖它的组件，但是只是在开始时加载一次。一般用于耗时的工作，例如从网上下载图片、读取文件等
MultiProvider	解决多个提供者问题，当在大型应用中注入较多内容时，使用 Provider 很容易产生多层嵌套

由于 Provider 是 Flutter 推荐的状态管理工具，日常使用较多，下面将分别演示 Provider 各个种类的用法。

17.5.1 Provider 的基本使用

实现步骤如下：

第 1 步，在 pubspec.yaml 文件中添加 provider 依赖，代码如下：

```yaml
environment:
  sdk: ">=2.12.0-0 <3.0.0"

dependencies:
  flutter:
    sdk: flutter
  provider:版本号
```

第 2 步，在应用程序的入口处进行初始化，在 MaterialApp 之前对定义的共享数据进行了初始化，代码如标记为 1 的所在行：

```dart
//第 17 章 17.7 使用 MultiProvider 管理多个对象
    …
    return MultiProvider(
        providers: [
          Provider<Counter1>(create: (_) => Counter1()),            //(1)
          ChangeNotifierProvider<Counter2>(create: (_) => Counter2()),  //(2)
          FutureProvider<List<User5>>(                              //(3)
            initialData: [],
            create: (_) => UserFuture().getUserData(),
          ),
          StreamProvider<CounterModel3>(                            //(4)
            initialData: CounterModel3(count: "init"),
            create: (_) => CounterStream().getStreamUserModel(),
          ),
        ],
    …
```

关键标记代码的含义分别如下：

（1）通过状态管理类实现基本的计数功能。
（2）实现单击计数在页数的动态变化显示。
（3）异步加载信息，模拟接收 JSON 数据。
（4）实现流加载信息，可以不断地从状态管理类中得到时间信息，并显示在页面中。

如果有多个提供者，需要将 provider 放到 MultiProvider 中。其他的 Provider 将在后面会用到，这里一并提供。

第 3 步，定义需要共享的数据，这里创建了一个 Counter1 类，代码如下：

```
//第 17 章 17.8 定义计数器类
class Counter1 {
    int _count = 0;                              //变量_count 的值初始化
    int get count => _count;                     //得到变量_count 的值

    void change(int value) {                     //改变变量_count 的值
      value++;
      _count = value;
    }
}
```

第 4 步，使用共享数据，得到 provider 中的值。

通过 Provider.of<Counter1>(context，listen：false).count 可以读取 Provider 管理对象中的值，但是由于第 2 步中没有通知，所以在界面中当单击下面的按钮时，上面的值不会发生变化，也就是界面不会刷新，组件不会重构，代码如下：

```
//第 17 章 17.9 读取 count 的值
Text('data $ {context.watch<Counter1>().count}'),          //(1)
ElevatedButton(
    onPressed: () {
    int result =                                            //(2)
              Provider.of<Counter1>(context, listen: false).count;
context.read<Counter1>().change(result);
    },
    child: Text('press'),
),
```

上述关键标记代码的含义分别如下：

(1) 因为没有通知，所以单击得不到最新的值，如图 17-2 所示。当单击按钮时，上面的值不会发生变化，但是返回再重新进入时，可以读取最新值。

(2) 从组件树以外监听 Provider 公开的值。

图 17-2　Provider 基本的使用

17.5.2　Provider 读取方式

在 Provider 中读取值的方式主要有以下几种：

(1) context.watch<T>()组件监听值的变化，如有变化，则组件重构。

(2) context.read<T>()仅是读取值，但不监听值的变化。不会在值变化时让 widget 重新构建，并且不能在 `StatelessWidget.build` 和 `State.build` 内调用。

(3) context.select<T，R>(R cb(T value))允许组件监听 T 中的部分值的变化。

（4）Provider.of < Counter1 >(context，listen：false) 当 listen 值为 true 时，功能与 context.watch < T >() 类似，当 listen 值为 false 时，功能与 context.read < T >() 类似。在组件树以外使用 Provider.of 需要读取值。

（5）通过 Consumer 来监听 provider 中值的变化，并重构它里面的组件。如果组件依赖多个模型，则它还提供了 Consumer23456 方便调用。

（6）Selector 类似于 Consumer，对 build 调用组件方法时提供更精细的控制，例如，汽车模型中有多个属性，但是我们只需更新价格，其他的如汽车型号、生产厂家等保持不变，Selector 就是用于解决这类问题的。

前缀带有 context 的读取方式，即使用 \`BuildContext\` 上的扩展属性（由 \`provider\` 注入）会从传入的 \`BuildContext\` 关联的组件开始，向上查找组件树，并返回查找到的层级最近的 \`T\` 类型的 provider（未找到时将抛出错误）。值得一提的是，该操作的复杂度是 $O(1)$，它实际上并不会遍历整个组件树。

17.5.3　ChangeNotifierProvider 监听值的变化

由于上面没有值的变化的通知，所以界面也不会有值的变化的体现，即界面不会发生变化。我们可以对上述代码进行修改。

第 1 步，在程序的开始添加 ChangeNotifierProvider 对象。同 17.5.1 节的第 1 步，此处略。

第 2 步，修改 Counter 类，代码如下：

```
//第 17 章 17.10 使用 ChangeNotifier 类监听值的变化
  class Counter2 with ChangeNotifier {                    //(1)
    int _count = 0;
    int get count => _count;

    void increment() {
      _count++;
      notifyListeners();                                  //(2)
    }
  }
```

（1）此处混入了 ChangeNotifier 改变通知类，可以被继承或混合类，它使用 VoidCallback 为通知提供更改通知。增加监听器的时间复杂度为 $O(1)$，删除侦听器和发送通知的时间复杂度为 $O(N)$。

（2）调用 notifyListeners() 方法，表示去通知所有的客户，该对象的值已发生了改变。

第 3 步，在页面中，读取并修改 count 的值，代码如下：

```
//第 17 章 17.11 界面设计，显示、读取并修改 count 的值
    child: Column(
```

```
      children: [
        Text('数的变化: ${context.watch<Counter2>().count}'),        //(1)
        ElevatedButton(
          onPressed: () {
            context.read<Counter2>().increment();                    //(2)
          },
          child: Text('press'),
        ),
      ],
    ),
```

由于第2步中类有通知,所以当单击时,通过context.read<Counter2>().increment()实现了数据的递增,通过${context.watch<Counter2>().count}对数据进行读取,这时界面的值会随之发生改变,如图17-3所示。

图 17-3　ChangeNotifierProvider 的使用

17.5.4　通过 FutureProvider 异步加载数据

可以通过FutureProvider从其他位置(如网上、本地资源中)加载图片或JSON数据。这时的数据读取为异步操作,操作步骤如下:

第1步,在程序开始处加载FutureProvider状态管理对象,同17.5.1节,此处略。

第2步,示例JSON数据位置在Flutter工程文件夹assets\data中,内容如下:

```
{
  "users": [
    {
      "name": "Li Yanhong",
      "age": "55",
      "company": "baidu.com"
    },
    ...
    {
      "name": "Tom",
      "age": "33",
      "company": "google.com"
    }
  ]
}
```

第 3 步，从本地异步加载 JSON 数据，代码如下：

```
//第17章 17.12 从本地异步加载 JSON 数据
class UserFuture {
  final String _dataPath = "assets/data/users.json";    //JSON 数据及位置
  List<User5> users = [];

  Future<List<User5>> getUserData() async {
    var dataString = await loadAsset();
    Map<String, dynamic> jsonUserData = jsonDecode(dataString);
    users = UserList.fromJson(jsonUserData['users']).users;
//print('done loading user!' + jsonEncode(users));
    return users;
  }

  Future<String> loadAsset() async {                    //延迟 3s 后加载 JSON 数据
    return await Future.delayed(Duration(seconds: 3), () async {
      return await rootBundle.loadString(_dataPath);
    });
  }
}
```

第 4 步，使用 Consumer 在页面显示 JSON 数据中的内容，代码如下：

```
//第17章 17.13 在页面显示 JSON 数据中的内容
body: Container(
    child: Consumer<List<User5>>(
      builder: (_, _users, child) {
        return Column(
          children: <Widget>[
            Padding(
              padding: EdgeInsets.all(10.0),
              child: Text('FutureProvider 加载 JSON 文件演示'),
            ),
            Expanded(
              child: _users.length == 0
                  ? Container(child: CircularProgressIndicator())
                  : SizedBox(
                      height: 600,
                      child: ListView.builder(
                        itemCount: _users.length,
                        itemBuilder: (context, index) {
                          return Container(
                            height: 50,
                            color: Colors.grey[(index * 200) % 400],
                            child: Center(
```

```
                              child: Text(
                                  '${_users[index].name} | ${_users[index].age} | ${_users[index].company}')));
                        },
```

17.5.5 使用 StreamProvider 得到时间流

StreamProvider 与 FutureProvider 用法类似,不同在于 FutureProvider 只会异步输出 1 次,而 StreamProvider 可以源源不断地输出信息。

第 1 步,在程序开始处加载 StreamProvider 状态管理对象,同 17.5.1 节,此处略。

第 2 步,定义 CounterStream 流类,实现定时输出日期信息,代码如下:

```
//第 17 章 17.14 定义 CounterStream 流类,实现定时输出日期信息
class CounterStream {
  Stream<CounterModel3> getStreamUserModel() {
    return Stream<CounterModel3>.periodic(Duration(milliseconds: 1000),
        (value) {
      var now = DateTime.now(); //得到当前时间信息
      return CounterModel3(count: "$now");
    });
  }
}
//定义模型类
class CounterModel3 {
  late String count;
  CounterModel3({required this.count});
}
```

第 3 步,在页面显示流的动态信息,代码如下:

```
//第 17 章 17.15 在页面显示日期信息
children: [
          Consumer<CounterModel3>(
            builder: (_, userModel, child) {
              return Text(userModel.count,
                  style: TextStyle(color: Colors.red, fontSize: 30));
            },
          ),
          SizedBox(height: 200),
          Text('日期的变化: ${context.watch<CounterModel3>().count}'),
        ],
```

在实际的开发和应用中,使用 Provider 状态管理第三方插件可以实现日夜间模式、外观样式、本地化切换等功能。

第 18 章 心情驿站系统框架的搭建

本系统心情驿站主要实现的功能有屏幕起始页、注册、登录、文本点滴、图片美景、生活瞬间、我的等。省略了一些信息,如安全问题,对于类似的功能不再重复,化简去繁,专注于Flutter 技术的讲解,简化界面的实现。例如在登录或注册页面中,在实际的公司应用中还可能会包含公司信息,如地址,公司 Logo 形象图片等。

本系统结合第三方插件,使用 Flutter 框架实现界面的布局。项目的关注重点在与服务器端的交互,包括提交时参数的设置、JSON 格式数据的处理、二进制文件的提交等,以及对从服务器端返回 JSON 数据的处理等。

18.1 系统结构

程序的结构如图 18-1 所示。

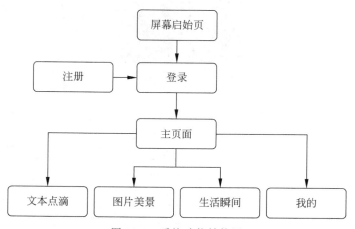

图 18-1 系统功能结构图

首先展现给用户的为启动页面,完成后显示登录页面,登录后进入主页面。如果已登录,则跳过登录页面,直接进入主界面。如果没有登录,并且没有账号,则从登录页面转到注册页面,完成注册后,再登录主界面。

主界面主要包括以下几部分。

（1）文本情感点滴：包含轮播、生活点滴内容列表，单击可以查看单条信息的具体内容，实现单条信息的提交。

（2）图片功能的实现：显示图片列表，单张图片的显示，实现一次提交多张图片，图片的收藏。

（3）视频生活瞬间：实现上传视频功能，视频的播放。

（4）我的设置：包括注销，退出系统，个人信息的显示，关于显示系统信息，主题的更改，我的收藏显示收藏的图片列表，个人设置修改个人信息等。

18.2 工程结构图

程序的结构如图18-2所示。

图 18-2 程序工程结构图

各个组件或文件夹表示的含义见表18-1。

表 18-1 工程中类或文件夹的含义

db	本地数据库的实现,实现收藏图片功能
global	全局,主题改变的实现
model	包含工程中各个实体类
mywidget	公共组件的位置,如对话框、消息框等
net	请求的网络地址、请求的方法等
screens	主界面所在位置
feelings	文本点滴,实现文本的列表显示,单个信息的显示、提交
life	图片美景,图片的列表显示,单张图片的显示和收藏
me	个人设置

续表

home.dart	包含多个选项的主页面
util	包含实用工具的位置,如时间的格式的统一设置
main.dart	程序的入口类
splash_screen.dart	程序启动后的欢迎页面

18.3 公共组件

mywidget 中主要包括公共的对话框、进度条和显示在最下边的提示信息。

（1）显示公共的对话框,其中 content 参数用于传入提示信息,function 用于实现"确定"按钮的功能,代码如下：

```
//第18章 18.1 显示消息对话框
void showMessage(BuildContext context, String content, Function function) {
  showDialog(
    context: context,
    builder: (context) {
      return AlertDialog(              //消息对话框,弹出提示内容并确定函数的功能
        title: Text("提示"),
        content: Text(content),
        actions: <Widget>[
          TextButton(
            child: Text("确定"),
            onPressed: function,
          ),
          TextButton(
            child: Text("取消"),
            onPressed: () {
              Navigator.pop(context);
            },
          ...
```

显示进度条对话框,content 参数显示进度信息,代码如下：

```
//第18章 18.2 显示进度条对话框
void progressDialog(BuildContext context, String content) {
  showDialog(
    barrierDismissible: false,
    context: context,
    builder: (context) => AlertDialog(
      title: Text(content),
      content: Center(
```

```
      heightFactor: 0.4,
      child:CircularProgressIndicator(), //显示圆形进度条
    ),
  ),
);
}
```

（2）在最下边显示弹出信息，参数content用于提示用户的内容，代码如下：

```
//第18章 18.3 显示底部弹出信息
void showSnackMessage(BuildContext context, String content) {
  ScaffoldMessenger.of(context).showSnackBar(
    SnackBar(
      content: Text(content),
    ),
  );
}
```

18.4 第三方插件

主要使用的第三方插件，见表18-2。

表18-2 工程中第三方插件的含义

插件	含义
dio	强大的Dart HTTP请求库，支持Restful API、FormData、拦截器、请求取消、Cookie管理、文件上传/下载、超时、自定义适配器等
font_awesome_flutter	为Flutter框架提供了1600多个图标
flutter_swiper	Flutter轮播的实现
flutter_screenutil	屏幕配置插件，用于调整屏幕和字体大小，保证不同屏幕的一致性
shared_preferences	少量简单类型数据以键-值对的形式保存在本地
provider	状态管理插件，实现了对InheritedWidget组件进行包装，使其更易于使用和重用
multi_image_picker2	允许在iOS或Android上选择并显示多个图像
extended_text_field	扩展官方文本字段，以快速构建特殊文本，如内联图像、@someone、自定义背景等
intl	处理国际化/本地化消息、日期和数字格式设置及解析、双向文本及其他国际化问题
http	用于HTTP请求的可组合、多平台、基于Future的API
extended_image	官方扩展图像，支持占位符（加载）/失败状态、缓存网络、缩放/平移、照片视图、滑出页面、编辑器（裁剪、旋转、翻转）、绘制等
video_player	Flutter插件，用于在Android、iOS和Web上与其他Flutter组件一起显示内嵌视频
image_picker	Flutter插件，可用于使用相机拍摄照片，并从Android和iOS图像库中选择图像
animated_text_kit	Flutter包项目，包含了一系列酷而漂亮的文本动画
better_player	基于video_player和Chewie的高级视频播放器插件

续表

package_info_plus	用于查询应用程序包信息的 Flutter 插件,例如 iOS 上的 CbundLeverVersion 或 Android 上的 versionCode
url_launcher	用于启动 URL 的 Flutter 插件。支持网络、电话、短信和电子邮件
cached_network_image	用于加载和缓存网络图片的 Flutter 库
path_provider	用于获取主机平台文件系统上常用的位置,例如临时或应用程序数据文件夹等
sqflite	SQLite 的 Flutter 插件,一个独立的、高可靠性的嵌入式 SQL 数据库引擎
synchronized	防止并发访问异步代码的锁定机制
sqlbrite	围绕 sqflite 的轻量级包装器

18.5 程序的入口类 main.dart

在主程序中,主要实现了竖屏的显示、国际化、主题的载入、状态管理类的初始化、屏幕适配和路由的定义,代码如下:

```
//第18章 18.4 心情驿站程序入口点
int theme = 0;                                    //接收 SharedPreferences 返回的值

void main() async {
  //竖屏显示
  WidgetsFlutterBinding.ensureInitialized();
  SystemChrome.setPreferredOrientations([
    DeviceOrientation.portraitUp,
    DeviceOrientation.portraitDown,
  ]);
  //使用第三方插件 intl 初始化 Formatter
  initializeDateFormatting();
  //读取 SharedPreferences 保存的主题
  loadData();

  return runApp(
    MultiProvider(                                //状态管理
      providers: [
        ChangeNotifierProvider(create: (context) => FavoritesDB()..init()),
        ChangeNotifierProvider(
          create: (context) => ThemeProvider()..setTheme(theme),
        ),
      ],
      child: MyApp(),
    ),
  );
}
```

```dart
//从本地加载主题信息
void loadData() async {
  SharedPreferences sp = await SharedPreferences.getInstance();
  theme = sp.getInt("theme") ?? 0;           //如果读取是空,则返回 0
}

class MyApp extends StatelessWidget {
  @override
  Widget build(BuildContext context) {
    return ScreenUtilInit(                    //屏幕适配,此处将屏幕宽定义为 360,高为 690
      designSize: Size(360, 690),
      builder: () => MaterialApp(
        deBugShowCheckedModeBanner: false,    //不显示 Debug 调试图标
        title: 'splash demo',
        theme: ThemeData(
          primarySwatch: Provider.of<ThemeProvider>(context).color,
          colorScheme: ColorScheme.fromSwatch(
            primarySwatch: Provider.of<ThemeProvider>(context).color,
          ).copyWith(),
        ),
        routes: routes,                       //路由信息
        home: SplashScreen(),                 //跳转到 SplashScreen 页面
      ),
    );
  }
}
```

其中路由信息定义在 global 包的 routes.dart 文件中,代码如下:

```dart
//第 18 章 18.5 定义路由信息
final routes = {
    '/home': (context) => Home(),                       //主页面
    '/login': (context) => Login(),                     //登录页面
    //'/logout': (context) => LogoutWidget(),
    '/register': (context) => Register(),               //注册页面
    '/postdetail': (context) => PostDetail(),           //提交内容细节页面
    '/addpost': (context) => AddPost(),                 //增加内容
    '/theme': (context) => SettingsWidget(),            //主题页面
    '/imagepicker': (context) => ImagePicker(),         //选择图片页面
    '/life': (context) => Life(),                       //生活页面
    '/UpLoadVideo': (context) => UpLoadVideo(),         //上传视频页面
    '/imageDetail': (context) => ImageDetail(),         //图片细节页面
    '/Favorites': (context) => Favorites(),             //收藏页面
    '/UserSetting': (context) => UserSetting(),         //用户设置页面
};
```

18.6 跳转到启动页面

通过 main.dart 入口程序跳转到 splash_screen.dart 启动页面文件中，在屏幕上显示的为 SplashScreen 类中的内容。在启动页面中，通过透明度的变化生成动画。当动画结束时，从本地加载用户信息，如果存在用户信息，则直接跳转到主页面"/home"，否则跳转到登录页面进行登录。启动页面如图 18-3 所示。

图 18-3　Splash 启动页面

关键代码如下：

```
//第18章 18.6 定义心情驿站应用启动页面
class _SplashPageState extends State<SplashScreen>
    with SingleTickerProviderStateMixin {
  AnimationController _controller;                    //定义控制器
  Animation _animation;                               //定义动画类

  @override
  void initState() {
    super.initState();
    _controller = AnimationController(                //将定义控制器持续时间为5s
      vsync: this,
      duration: Duration(seconds: 5),
    );
    _animation = Tween(begin: 0.0, end: 1.0).animate(_controller);
```

```dart
    _animation.addStatusListener((status) async {    //增加监听器
      if (status == AnimationStatus.completed) {    //当监听器结束时,进行判断
        SharedPreferences prefs = await SharedPreferences.getInstance();
        String userpre = prefs.get("user");
        if (userpre != null) {
          Navigator.pushNamedAndRemoveUntil(context, '/home', (route) => false);
        } else {
          Navigator.pushNamedAndRemoveUntil(
              context, '/login', (route) => false);
        }
      }
    });
    _controller.forward();
}

@override
Widget build(BuildContext context) {
  return FadeTransition(                    //实现背景图片的渐变动画
      opacity: _animation,
      child: Image.asset(
        'assets/images/splash.jpg',
        //scale: 2.0,
        fit: BoxFit.cover,
      ));
}

@override
void dispose() {                            //退出时,销毁控制器
  _controller.dispose();
  super.dispose();
}
}
```

18.7 网络连接的实现

网络连接 NetConfig 类主要包括网络基本地址、网络路径和实现连接服务器的 3 种方法。

(1) get(String url)方法,通过 get 方式向服务器请求数据,get()方法中的 url 为请求的子路径。baseUrl 和 url 一起使用才能形成完整的请求路径。例如 baseUrl 为 http://39.104.127.157:8080,注册的 url 路径为/user/register,则完整的请求路径为 http://39.104.127.157:8080/user/register。

(2) post(String url,Map<String,dynamic> json)方法通过 post()方法向服务器提

交数据，与上面不同的是 post()方法中传入了 JSON 类型的参数。

(3) upload(String url，dynamic _formData)上传文件的方法，在_formData 参数中，不光传入了文件类型的数据，还可以包含其他的参数，如用户名等其他信息，代码如下：

```
//第 18 章 18.7 定义网络配置,使用 get()和 post()方法提交函数
class NetConfig {
  //服务器连接地址可能会有变化
  static final String baseUrl = "http://39.104.127.157:8080";
  //注册
  static final String register = "/user/register";
  //登录
  static final String login = "/user/login";
  //根据 Id 得到用户单个图像的信息
  static final String findUserById = "/user/findUserById";
  //得到所有文本信息
  static final String getAllPosts = "/post/getAllPosts";
  //根据文本框是否为空,有条件查询文本信息//http://39.104.127.157:8080/post/searchPostBytext?key=9&page=1
  static final String searchPostBytext = "/post/searchPostBytext";
  //根据 Id 查询文本的单条信息//http://39.104.127.157:8080/post/getPostByPostId?postId=87&userId=44
  static final String getPostByPostId = "/post/getPostByPostId";
  //添加文本
  static final String addPost = "/post/addPost";
  //上传文件 String url = "http://39.104.127.157:8080/uploadfile";
  static final String uploadfile = "/uploadfile";
  //得到所有图片
  static final String getAllImages = "/image/getAllImages";

  static var _dio = Dio();
  //static var CookieJar = CookieJar();

  //通过 get()方法提交
  static Future<dynamic> get(String url) async {

    Response response;
    //传入基本地址
    _dio.options.baseUrl = baseUrl;
    var result;
    response = await _dio.get(url);                    //加上路径,形成完整的提交地址
    //print("get......................" + baseUrl + url);
    //如果提交成功且返回数据,则对数据进行处理
    if (response.statusCode == 200 && response.data != null) {
      result = response.data;
    }
```

```dart
    //print(result.toString() + "......result.........");
    return result;
}


//通过post()方法提交
static Future post(String url, Map<String, dynamic> json) async {
    //print("post............." + json.toString());
    Response response;
    var dio = Dio();
    dio.options.baseUrl = baseUrl;

    var result;
    response = await dio.post(              //在post()方法中,提交了JSON类型的数据参数
        url,
        data: json,
    );

    if (response.statusCode == 200 && response.data != null) {
        result = response.data;
    }

    //print(result.toString() + "......result.........");
    return result;
}

//上传文件的实现
static Future upload(String url, dynamic _formData) async {
    print('上传文件');

    var response = await _dio.post(
        url,
        data: _formData,                    //提交的数据中包含二进制类型的数据
        onSendProgress: (int sent, int total) {
            print('$sent $total');
        },
    );
    return response;
}
```

18.8 注册功能的实现

在有状态的注册页面中首先需要定义邮箱文本框控制器_emailController和密码文本框控制器_passwordController,可以接收密码或文本框中的值,并且可以监听文本框中值的

变化，代码如下：

```
//第 18 章 18.8 定义注册功能中的变量
//邮箱文本框控制器
TextEditingController _emailController = TextEditingController();
//密码文本框控制器
 TextEditingController _passwordController = TextEditingController();
//在有状态组件中,得到键盘焦点并且管理键盘事件
  final FocusNode _focusNodeEmail = FocusNode();
  final FocusNode _focusNodePassword = FocusNode();
//密码是否以明文显示
  bool _obscureTextPassword = true;
//能唯一区分页面中的元素
  GlobalKey _formKey = new GlobalKey<FormState>();
```

在 build()方法中，通过 Form 组件表实现表单布局，根据 key 属性中的_formKey 实现表单的验证功能。在页面显示邮箱文本框、密码框、登录按钮、注册按钮，代码如下：

```
//第 18 章 18.9 注册功能界面的实现
@override
  Widget build(BuildContext context) {
    return Scaffold(
      appBar: AppBar(
        //leading: Text(''),
        title: Text("登录"),
      ),
      body: Form(
        key: _formKey,
        child: Center(
          child: Container(
            padding: EdgeInsets.all(15),
            child: ListView(
              children: [
                emailWidget(),              //邮箱文本框的实现
                passwordWidget(),           //密码文本框的实现
                loginBtn(context),          //登录按钮的实现
                SizedBox(height: 10),
                TextButton(                 //单击跳转到注册页面
                  onPressed: () {
                    Navigator.pushNamed(context, '/register');
                  },
                  child: Text("没有用户名,请注册 ->>>>"),
                ),
              ],
            ),
```

            ),
          ),
        ),
    );
}
```

邮箱文本框实现邮箱内容的输入和验证,当用户没有输入或输入类型不规范时,提示用户重新输入。

密码框的实现方式与邮箱文本框类似,区别为密码是否以明文显示。如下代码所示,在修饰中 icon 的显示类型是根据 obscureTextPassword 的值进行切换的。obscureTextPassword 值为真时,以明文显示;为假时,以点的方式显示密码,代码如下:

```
//第 18 章 18.10 定义输入框及修饰
decoration: InputDecoration(
    border: InputBorder.none,
    hintText: 'Password',
    suffixIcon: IconButton(
      icon: _obscureTextPassword
          ? FaIcon(FontAwesomeIcons.eye)
          : FaIcon(FontAwesomeIcons.eyeSlash),
      onPressed: _toggleLogin,
      iconSize: 24.0,
      color: Colors.black,
    ),
),
```

在登录按钮中实现了登录的布局,如图 18-4 所示。当用户单击了"登录"按钮时,实现登录功能。登录实现方式通过 login()方法实现。

当验证通过时,弹出登录对话框,将密码和邮箱信息装入 User 对象中。通过 NetConfig 中的 post()方法向服务器异步提交数据。当收到结果时,首先退出对话框,得到从服务器端传回来的值。当返回的 code 值为 1 时,表示登录成功,通过 SharedPreferences 将用户信息存入本地。下次应用程序启动进,判断 SharedPreferences 中是否有用户信息,如有则跳过登录,直接进入主页面窗口,代码如下:

```
//第 18 章 18.11 实现登录,向服务器提交表单数据
  void login(BuildContext context) async {
    if ((_formKey.currentState as FormState).validate()) {         //(1)
      progressDialog(context, '登录中...');                          //(2)
      var password = _passwordController.text;                      //(3)
      var email = _emailController.text;
      User user = User(email: email, password: password);
      UsersData usersData;
```
```

```
      Data user1;
      var code;
      Map < String, dynamic > resdata;
      await NetConfig.post(NetConfig.login, user.toJson()).then(       //(4)
        (value) => {
          //value 为得到从服务器端的值
          //退出进度条对话框
          Navigator.of(context).pop(),                                 //(5)
          usersData = UsersData.fromJson(value),
          user1 = usersData.data,
          resdata = Map < String, dynamic >.from(value),               //(6)
          code = resdata['code'],
          if (code.toString() == "1")                                  //(7)
          {
            //登录成功
            _savePreferences(user1),
            Navigator.pushNamed(context, '/home'),
          },
          if (code.toString() == "0")
          {
            showMessage(context, '用户名或密码错误,请重新登录', (){
              Navigator.pop(context);
            }),
          }
        },
      );
    }
  }
```

按代码中标记的顺序,单击按钮向服务器提交的过程如下:

(1) 判断表单是否有效,如果非法,则表单显示错误信息。
(2) 页面弹出正在"登录中"进度条。
(3) 得到表单中的邮箱值和密码,并封闭到 User 对象中。
(4) 将 User 对象转换为 JSON 格式,并提交给服务器。
(5) 当服务器返回结果时,退出"登录中"进度条,并得到从服务器返回的数据。
(6) 得到是否成功标志码 code 的值。
(7) 判断是否登录成功,如果登录成功,则将用户信息保存到本地存储中,并跳转到/home 页面,否则显示错误信息。

当状态对象销毁时,最后一定不要忘记了 dispose() 方法。销毁邮箱和密码控制器和焦点对象,代码如下:

```
//第 18 章 18.12 资源销毁
@override
```

```
void dispose() {
  _emailController.dispose();
  _passwordController.dispose();
  _focusNodeEmail.dispose();
  _focusNodePassword.dispose();
  super.dispose();
}
```

注册功能的实现与登录类似,这里不再赘述,登录界面如图 18-4 所示。

图 18-4　登录界面

18.9　主页面底部选项卡的实现

当登录成功后,跳转到主页面,主页面主要包括以下 4 个功能块。

(1) 文本显示模块:主要列表显示文本信息,并提供查询功能,可以添加文本内容。

(2) 图片显示模块:主要列表显示图片信息,并提供缓存功能,当图片已下载时,从本地缓存中加载图片。可以上传一张或多张图片,并加上评论。

(3) 视频显示模块:主要显示视频信息,并可以上传视频。

(4) 个人设置模块:提供关于、主题、发现、个人设置等功能。

主页面底部的选项卡实现方式位于 home.dart 文件中,代码如下:

```dart
//第18章 18.13 底部选项卡的实现
class _HomeState extends State<Home> with TickerProviderStateMixin {
  final GlobalKey<ScaffoldState> _scaffoldKey = GlobalKey<ScaffoldState>();    //(1)
  List<Widget> _pageList = [];                                  //列表存放页面
  int _selectedIndex;                                           //选择的选项
  PageController _pageController;                               //页面选择控制器
  @override                                                     //(2)
  void initState() {
    super.initState();
    //初始化
    _selectedIndex = 0;
    _pageController = PageController();
    _pageList
      ..add(Feelings())
      ..add(Life())
      ..add(BasicPlayerPage())
      ..add(Me());
  }

  @override
  Widget build(BuildContext context) {
    return Scaffold(
      key: _scaffoldKey,
      body: PageView(                                           //(3)
        controller: _pageController,
        onPageChanged: onPageChanged,
        children: _pageList,
        physics: NeverScrollableScrollPhysics(),
      ),
      bottomNavigationBar: CupertinoTabBar(                     //(4)
        items: [
          BottomNavigationBarItem(
            icon: Icon(
              Icons.home,
            ),
            label: '文本点滴',
            activeIcon: Icon(Icons.home, size: 30),
          ),
          BottomNavigationBarItem(
            icon: Icon(Icons.image),
            label: '图片美景',
            activeIcon: Icon(Icons.image, size: 30),
          ),
          BottomNavigationBarItem(
            icon: Icon(Icons.album),
            label: '生活瞬间',
```

```
            activeIcon: Icon(Icons.album, size: 30),
          ),
          BottomNavigationBarItem(
            icon: Icon(Icons.settings),
            label: '我的',
            activeIcon: Icon(
              Icons.settings,
              size: 30,
            ),
          ),
        ],
        backgroundColor: Theme.of(context).bottomAppBarColor,
        activeColor: Theme.of(context).colorScheme.secondary,
        currentIndex: _selectedIndex,
        onTap: onTap,
      ),
    );
  }
  void onPageChanged(int index) {                                  //(5)
    setState(() {
      _selectedIndex = index;
    });
  }
  Future onTap(int index) async {                                  //(6)
    _pageController.jumpToPage(index);
  }
  @override                                                        //(7)
  void dispose() {
    _pageController.dispose();
    super.dispose();
  }
}
```

标记代码分别表示的含义如下：

(1) 定义页面列表变量_pageList、索引变量_selectedIndex 和页面控制器变量_pageController。

(2) 在初始化方法中，将索引的值初始化为 0，生成控制器，并将页面加入页面列表中。

(3) 定义页面视图，包括页面控制器、页面改变、子页面和物理显示效果。

(4) 底部选项卡的显示。

(5) 页面改变函数，修改选择索引值。

(6) 页面控制器单击跳转函数。

(7) 销毁页面控制器。

18.10 选项卡文本点滴的实现

文本显示模块上部的功能为在标题栏中包括图标、文本内容和搜索框。在搜索框中输入内容，单击右边的搜索按钮，可以实现搜索功能。在下面的内容列表中根据搜索框的不同内容，显示不同的内容。心情留言上部为轮播图，实现的插件为 flutter_swiper。心情留言的下面，则为按顺序排名的按钮。最下面实现文本列表的显示，如图 18-5 所示。

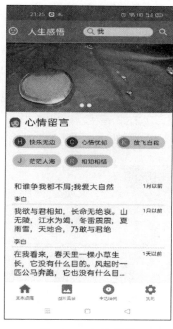

图 18-5 心情驿站

在 Row 组件中，通过 Expanded 组件占满剩下的整个空间。InputDecoration 实现了对搜索框中的修饰。由于文本框的提示信息位置默认较高，通过 height：0.8 将提示信息的位置降低，代码如下：

```
//第 18 章 18.14 顶部搜索框所在行的实现
Row(
            crossAxisAlignment: CrossAxisAlignment.center,
            children: [
              SizedBox(width: 5.w),
              Icon(
                Icons.search,
                color: Colors.grey,
              ),
```

```
              Expanded(
                child: TextField(
                  focusNode: _textNode,
                  controller: _textController,
                  decoration: InputDecoration(
                    hintText: '搜索...',
                    border: InputBorder.none,
                    hintStyle: TextStyle(fontSize: 18.sp, height: 0.8),
                  ),
                ),
              ),
            ],
          ),
```

在显示信息列表中,可以根据时间的不同,显示是刚刚发的,还是一个小时前,一个月前,一年前等,通过时间的处理实现上述功能。

关键代码如下:

```
//第 18 章 18.15 输出每条记录的日期信息
//和传入的值比较,输出最近的年、月、日、小时、刚刚等的信息
String changeDateTime(String dateTime) {
  //String temp = '2020-10-21 07:09:43.0';
  var now = DateTime.now();                    //得到当前日期
  var count = now.difference(                  //当前日期与传入的日期比较,返回
    DateTime.parse(dateTime),                  //时间跨度,如27天4小时12分钟3秒
  );

  if (count.inDays >= 365) return '${count.inDays ~/ 365}年以前';
  if (count.inDays >= 30) return '${count.inDays ~/ 30}月以前';
  if (count.inDays >= 1) return '${count.inDays}天以前';
  if (count.inHours >= 1) return '${count.inHours}小时以前';
  if (count.inMinutes >= 1) {
    return '1 分钟以前';
  } else {
    return '刚刚';
  }
}
```

当单击列表中的一条信息时,则以动画显示这一条信息的详细信息。使用的第三方插件为 animated_text_kit。在详细页面的右上角,有添加按钮,实现新的信息的添加,如图 18-6 所示。

图 18-6 显示文本内容的详情

18.11 选项卡中图片美景的实现

主页面中的第 2 个模块用于显示与图片相关的内容,包括图片的列表显示和单张图片的显示,如图 18-7 所示。

在图片的显示中,通过 AutomaticKeepAliveClientMixin 对图片状态的保持,当在选项卡中切换时,可以不用再从网络中重复加载当前显示的图片信息。要实现此功能还要实现在 wantKeepAlive() 方法和 build() 方法中调用父类的 super.build(context) 方法,代码如下:

```
//第 18 章 18.16 通过 AutomaticKeepAliveClientMixin 对图片状态的保持
class _LifeState extends State<Life> with AutomaticKeepAliveClientMixin
{
  ...
  @override
    Widget build(BuildContext context) {
      super.build(context);
      ...
  bool get wantKeepAlive => true;
}
```

图 18-7　图片列表的显示

图片的显示是首先从网络中请求图片信息,代码如下:

```
//第18章 18.17 从图片列表中查询图片
_getAllImages() async {
  var url = NetConfig.baseUrl + NetConfig.getAllImages;
  var result = await NetConfig.get(url);
  var imagesList = ImagesData.fromJson(result).data;
  return imagesList;
}
```

然后通过 GridView 实现图片的显示,代码如下:

```
//第18章 18.18 使用 GridView 实现图片的显示
body: FutureBuilder(
    future: _getAllImages(),                                    //异步加载所有图片
    builder: (context, snapshot) {
      if (snapshot.hasData) {                                   //如果服务器端返回数据
        List<Data> imagesList = snapshot.data;
        return GridView.builder(                                //构建列表
          gridDelegate: const SliverGridDelegateWithFixedCrossAxisCount(
            crossAxisCount: 2,                                  //交叉轴显示的数目为2
          ),
          itemCount: imagesList.length,                         //要显示的列表数目
```

```
                itemBuilder: (context, index) {           //定义要显示的子项
                  return Padding(
                    padding: const EdgeInsets.all(8.0),
                    child: PhysicalModel(
                      borderRadius: BorderRadius.all(Radius.circular(6)),
                      clipBehavior: Clip.antiAlias,
                      elevation: 6.0,
                      shadowColor: Colors.grey,
                      color: Colors.white,
                      child: InkWell(                      //跳转到图片详细页面
                        onTap: () {
                          Navigator.pushNamed(context, '/imageDetail',
                              arguments: {'image': imagesList[index]});
                        },
                        child: FadeInImage.assetNetwork(   //以动画方式加载图片
                          width: 150.w,
                          height: 150.h,
                          fit: BoxFit.fill,
                          placeholder: 'assets/images/loading3.gif',
                          image: '${NetConfig.baseUrl}/images/${imagesList[index].imageUrl}',
                        ),
                      ),
                    ),
                  );
                },
              );
            } else {
              return Text('no data');
            }
          },
        ),
```

当单击图片列表中的子项时，跳转到单张图片的显示。其中，最上部显示动态的文字效果，中间部分为图片的布局，最下面为图片列表。中间图片部分通过 Stack 组件实现页面布局，包括左上角的图片信息，右上角的心形图标和右下角的日期信息，如图 18-8 所示。

显示单张图片的关键代码如下：

```
//第 18 章 18.19 显示单张图片
class _ImageDetailState extends State<ImageDetail> {
    bool favirite = false;

    @override
    Widget build(BuildContext context) {
      Map dataImage = ModalRoute.of(context).settings.arguments;
```

图 18-8　单张图片的显示

```
Data image = dataImage['image'];              //接收传过来的参数
return Scaffold(
  body: Column(
    children: [
      Container(
        padding: EdgeInsets.only(top: 30.h),
        alignment: Alignment.center,
        height: 60.h,
        child: AnimatedTextKit(              //在页面最上边显示动态文字
          animatedTexts: [
            TypewriterAnimatedText('沿途风景,不变的是你我的心情!',
              speed: Duration(milliseconds: 500)),
          ],
          isRepeatingAnimation: true,
        )),
      Expanded(
        flex: 1,
        child: Stack(
          children: [
            Container(                       //在有阴影和圆弧角的容器中显示图片
              margin: EdgeInsets.all(10),
              decoration: BoxDecoration(
                borderRadius: BorderRadius.circular(20),
```

```
              color: Colors.red,
              image: DecorationImage(
                  image: NetworkImage(
                    NetConfig.baseUrl + "/images/" + image.imageUrl,
                  ),
                  fit: BoxFit.fill),
              boxShadow: [
                BoxShadow(
                  color: Colors.black38,
                  offset: Offset(4, 4),
                  blurRadius: 6,
                  spreadRadius: 3,
                ),
              ],
            ),
          ),
          Positioned(                       //显示图片相关的文字信息
            child: Text(
              '${image.text.length > 8 ? image.text.substring(0, 8) : image.text}',
              style: TextStyle(
                  fontSize: 24,
                  color: Colors.white,
                  backgroundColor: Colors.black.withOpacity(0.5)),
            ),
            left: 20.w,
            top: 20.h,
          ),
          Positioned(
            child: InkWell(                 //是否选中右上角的心形
              onTap: () {
                setState(() {
                  favirite = !favirite;
                });
              },
              child: Icon(
                favirite
                    ? Icons.favorite
                    : Icons.favorite_border_outlined,
                color: favirite ? Colors.red : Colors.white,
              ),
            ),
            right: 30.w,
            top: 40.h,
          ),
          Positioned(
            child: RotatedBox(              //在右下角竖着显示文字
```

```
                    quarterTurns: 1,
                    child: Text(
                      '${image.date}',
                      style: TextStyle(fontSize: 16, color: Colors.red),
                    ),
                  ),
                  right: 20.w,
                  bottom: 20.h,
                ),
              ],
            ),
          ),
          Container(                      //跳转到将图片收藏到本地数据库中的页面
            margin: EdgeInsets.only(right: 10.w, bottom: 10.h),
            child: TextButton(
              child: Text('添加收藏'),
              onPressed: () {
                Provider.of<FavoritesDB>(context, listen: false)
                    .insertData(image.imageId, image.imageUrl);
              },
            ),
            alignment: Alignment.bottomRight,
            //color: Colors.black12,
          ),
          Container(
            height: 90.h,
            child: bottom(),
          ),
        ],
      ),
    );
  }
}
```

当在图片详情页面的右上角单击加号时可以添加一张或多张图片,如图 18-9 所示。
上传图片主要包含两步:第一步选择图片;第二步将图片上传到服务器。
第 1 步,在状态类中定义变量,代码如下:

```
//第 18 章 18.20 在状态类中定义变量
class _ImagePickerState extends State<ImagePicker> {
  List<Asset> images;                      //保存上传的图片
  String _error = '最多上传 9 幅图片';
  TextEditingController controller;        //文本编辑控制器
  FocusNode focusNode;
  var result;                              //返回上传是否成功结果
```

第18章 心情驿站系统框架的搭建

图 18-9　单击上传图片

第 2 步，在初始化方法中，对变量进行初始化，代码如下：

```
//第 18 章 18.21 在初始化方法中,对变量进行初始化
@override
  void initState() {
    images = <Asset>[];
    controller = new TextEditingController();
    focusNode = FocusNode();
    super.initState();
  }
```

第 3 步，定义上传主界面，代码如下：

```
//第 18 章 18.22 定义上传主界面
  @override
  Widget build(BuildContext context) {
    return Scaffold(
      appBar: AppBar(
        title: const Text('上传图片'),
      ),
      floatingActionButton: FloatingActionButton(
        child: Icon(Icons.add),
        onPressed: _uploadImageToServer,         //单击,实现将图片上传到服务器
```

```
      ),
      body: Column(
        children: < Widget >[
          ExtendedTextField(                      //与图片一起上传的文本信息
            focusNode: focusNode,
            controller: controller,
            maxLines: 3,
            decoration: InputDecoration(
              hintText: '请输入图片描述如：心情、地点、标记',
            ),
          ),
          SizedBox(height: 10),
          Center(child: Text('提示: $ _error')),
          ElevatedButton(
            child: Text("选择上传图片"),
            onPressed: _loadAssets,              //实现从本地选择多张图片功能
          ),
          Expanded(
            child: _buildGridView(),             //从本地选择多张图片功能,以网格方式显示
          ),
        ],
      ),
    );
}
```

第4步,从本地选择图片,可以选择多张图片,最多为9张,代码如下:

```
//第18章 18.23 从本地加载图片
  Future< void > _loadAssets() async {
    focusNode.unfocus();                         //键盘界面消失
    List< Asset > resultList = [];

    String error = 'No Error Dectected';
    try {
      resultList = await MultiImagePicker.pickImages(
        maxImages: 9,
        enableCamera: true,                      //是否使用照相机
        selectedAssets: images,                  //选择的图片数组
        cupertinoOptions: CupertinoOptions(takePhotoIcon: "图片"),
        materialOptions: MaterialOptions(
          actionBarColor: "♯abcdef",
          actionBarTitle: "上传图片",
          allViewTitle: "查看所有图片",
          useDetailsView: false,
          selectCircleStrokeColor: "♯000000",
```

```
        startInAllView: true),
    );
} on Exception catch (e) {
    //error = e.toString();
    print(e.toString());
}
if (!mounted) return;

setState(() {//将选择的图片放入图片数组中，并更新界面
//print("resultList.length" + resultList.length.toString());
    images = resultList;
    _error = error;
});
    }
```

第 5 步，将图片上传到后台服务器，代码如下：

```
//第 18 章 18.24 上传图片数据到 Spring Boot 后台
_uploadImageToServer() async {
    //(1)
    progressDialog(context, '图片上传中');
    List<MultipartFile> imageList = [];
    List<String> imageNames = [];

    //String url = "http://39.104.127.157:8080/uploadfile";
    String url = NetConfig.baseUrl + NetConfig.uploadfile;
    //(2)
    for (Asset asset in images) {                    //将得到的图片名称加到 imageNames 中
        imageNames.add(asset.name);
        ByteData ByteData = await asset.getByteData();
        List<int> imageData = ByteData.buffer.asUint8List();
        MultipartFile multipartFile = new MultipartFile.fromBytes(
            imageData,
            filename: 'load_image',
            contentType: MediaType("image", "jpg"),
        );
        imageList.add(multipartFile);               //将二进制图片内容加入 imageList 中
        //print("图片数据: $ imageData");
    }
    //print("图片数量:${imageList.length}");
//(3)
    SharedPreferences prefs = await SharedPreferences.getInstance();
    String userString = prefs.getString('user');
    dynamic user = jsonDecode(userString);
    User user1 = User.fromJson(user);
```

```
        //(4)
    FormData _formData = FormData.fromMap({
      "multipartFiles": imageList,
      "imageNames": imageNames,
      "userId": user1.userId,
      "content": controller.text,
    });
    //(5)
    await NetConfig.upload(url, _formData).then((value) => {
        //(6)
        Navigator.of(context).pop(),
        //(7)
        result = jsonDecode(value.toString()),
        if (result['result'])
          {
            showMessage(context, '文件上传成功,返回', () {
              //Navigator.pushNamed(context, '/home');
              Navigator.pop(context);
            }),
          }
        else
          {
            ScaffoldMessenger.of(context).showSnackBar(
              const SnackBar(
                content: Text('文件上传有误'),
              ),
            ),
          }
    });
}
```

标记代码分别表示的含义如下：

（1）显示正在上传对话框。

（2）得到图片列表，将名称放入 imageNames 字符串数组中，并将二进制图片文件列表放入 imageList 数组中。

（3）从本地存储中得到用户信息。

（4）将图片名称、图片二进制数组、用户信息和图片描述装入 formData 变量中。

（5）实现将图片相关信息提交后台服务器。

（6）退出上传进度条对话框。

（7）对结果进行处理，成功时显示消息对话框，失败时在底部显示弹出消息。

第 6 步，资源的销毁，代码如下：

```
//第 18 章 18.25 资源的销毁
@override
  void dispose() {
    controller.dispose();
    focusNode.dispose();
    super.dispose();
  }
```

生活瞬间是对视频的上传和显示。与图片美景中二进制文件的上传类似，在此不再赘述。

18.12　选项卡"我的"的实现

最后一部分为"我的"设置相关内容，主界面上分别显示以下内容：

（1）关于，包含显示版本信息，单击可以实现直接拨打电话。

（2）主题颜色设置对界面的外观主题的设置。

（3）发现。

（4）朋友圈。

（5）我的收藏显示收藏的图片。

（6）个人设置可以修改个人信息。

在标题栏的左边可以实现个人信息的显示，右边可以实现注销和退出 App 功能，如图 18-10 所示。

在图的标题栏右边下拉列表实现程序的注销和退出 App 功能。

图 18-10　"我的"设置

18.12.1　"我的"主程序界面的实现

"我的"主页面程序，代码如下：

```
//第 18 章 18.26 选项卡"我的"主程序界面
class _MeState extends State< Me > {
  @override
  Widget build(BuildContext context) {
    return Scaffold(
      appBar: AppBar(
        leading: Icon(Icons.mood),
        title: Text("我的设置"),
        actions: [
```

```dart
        _popupWiget(),                          //实现退出和注销功能
        SizedBox(width: 20.w),
      ],
    ),
    body: Column(
      mainAxisAlignment: MainAxisAlignment.start,
      children: [
        _topHeader(),                           //头部包括头像部分的实现
        SizedBox(height: 5.h),
        _item(                                  //关于功能界面的实现
            Icon(
              Icons.admin_panel_settings,
              color: Colors.greenAccent,
            ),
            "关于", () {
          showDialog<void>(
            context: context,
            builder: (context) {
              return About();
            },
          );
        }),
        _item(Icon(                             //主题功能界面的实现
            Icons.thermostat), "主题", () {
          Navigator.pushNamed(context, '/theme');
        }),
        Divider(
          color: Colors.black.withOpacity(0.2),
          height: 10.h,
          indent: 20.h,
          endIndent: 25.h),
        _item(                                  //发现功能界面的实现
            Icon(
              Icons.search,
              color: Colors.amber,
            ),
            "发现",
            () {}),
        _item(                                  //朋友圈功能界面的实现
            Icon(
              Icons.my_library_books,
              color: Colors.cyan,
            ),
            "朋友圈",
            () {}),
        _item(                                  //我的收藏功能界面的实现
```

```
          Icon(
            Icons.account_balance,
            color: Colors.green,
          ),
          "我的收藏", () {
        Navigator.pushNamed(context, '/Favorites');
      }),
      Divider(
          color: Colors.black.withOpacity(0.3),
          height: 10.h,
          indent: 20.h,
          endIndent: 25.h),
      _item(                                    //个人设置功能界面的实现
          Icon(
            Icons.settings,
            color: Colors.blueAccent,
          ),
          "个人设置", () {
        Navigator.pushNamed(context, '/UserSetting');
      }),
    ],
  ),
 );
}
```

右上角下拉列表功能的实现,代码如下:

```
//第 18 章 18.27 屏幕的右上角通过下拉列表实现注销和退出功能
  Widget _popupWiget() {
    return PopupMenuButton<String>(
      onSelected: (String result) {
        if (result == 'logout') {                //实现注销功能
          _clearUser().then((value) => {
              Navigator.pushNamedAndRemoveUntil(
                context, '/login', (route) => false),
          });
        }
        if (result == 'exit') {                  //实现退出功能
          exit(0);
        }
      },
      itemBuilder: (BuildContext context) =><PopupMenuEntry<String>>[
        const PopupMenuItem<String>(
          value: 'logout',
          child: Text(
```

```dart
          '注销',
          //style: TextStyle(fontSize: 8),
        ),
      ),
      const PopupMenuItem<String>(
        value: 'exit',
        child: Text(
          '退出 App',
          //style: TextStyle(fontSize: 8),
        ),
      ),
    ],
  );
}
```

实现顶部部分的代码如下:

```dart
//第18章 18.28 顶部头像部分的实现
Widget _topHeader() {
  return Center(
    child: Container(
      margin: EdgeInsets.all(10),
      padding: EdgeInsets.only(top: 10.h, bottom: 5.h),
      height: 120.h,
      width: 380.h,
      decoration: BoxDecoration(
        color: Colors.blue,
        borderRadius: BorderRadius.all(Radius.circular(30)),
      ),
      child: Column(
        children: [
          CircleAvatar(              //实现圆形头像
            foregroundImage: AssetImage('assets/images/header/head1.jpg'),
            backgroundColor: Colors.white,
            radius: 30.w,
          ),
          SizedBox(height: 5.h),
          Text("我的地盘,我做主"),
        ],
      ),
    ),
  );
}
```

调用每个选项,代码如下:

```dart
//第18章 18.29 公共按钮的实现,参数为图片、标题和函数
Widget _item(Icon icon, String title, Function function) {
  return Container(
    width: 380.h,
    child: TextButton(
      onPressed: function,
      child: Row(
        children: <Widget>[
          icon,
          SizedBox(width: 15.h),
          Text(title),
        ],
      ),
    ),
  );
}
```

注销系统时移除本地存储数据,代码如下:

```dart
//第18章 18.30 实现用户退出系统时,移除本地存储数据
Future _clearUser() async {
  SharedPreferences prefs = await SharedPreferences.getInstance();
  String user = prefs.get("user");
  if (user != null) {
    prefs.clear();
  }
}
```

18.12.2 关于功能的实现

关于菜单主要通过第三方插件实现得到系统的版本信息,并可以通过单击按钮实现打电话功能,如图 18-11 所示。

关于选项的代码如下:

```dart
//第18章 18.31 关于菜单中内容的实现
class _AboutState extends State<About> {
  bool _hasCallSupport = false;                                //(1)
  @override                                                    //(2)
  void initState() {
    //检查是否支持电话功能
    canLaunch('tel:123').then((bool result) {
      setState(() {
        _hasCallSupport = result;
```

图 18-11 关于选项的实现

```
      });
    });
    super.initState();
  }

  @override
  Widget build(BuildContext context) {
    const name = '心灵驿站';
    const legalese = '? 2021 The ABC team';
    //3
    return AlertDialog(                                              //弹出对话框
      shape: RoundedRectangleBorder(borderRadius: BorderRadius.circular(10)),
      content: Container(
        constraints: const BoxConstraints(maxWidth: 300),
        child: Column(
          crossAxisAlignment: CrossAxisAlignment.start,
          mainAxisSize: MainAxisSize.min,
          children: [
            FutureBuilder(                                           //(4)
              future: getVersionNumber(),
              builder: (context, snapshot) => Text(
                snapshot.hasData ? '$name - 版本号: ${snapshot.data}': name,
              ),
```

```
          ),
          const SizedBox(height: 24),
          RichText(
            text: TextSpan(
              text: '仅供学习目的,ABC 团队荣誉出品……',
              style: TextStyle(color: Colors.black),
            ),
          ),
          const SizedBox(height: 10),
          Text(
            legalese,
          ),
        ],
      ),
    ),
    actions: [                                                              //(5)
      TextButton(onPressed: () => _makePhoneCall('114'), child: Text('联系我们')),
      TextButton(
        onPressed: () {
          Navigator.pop(context);
        },
        child: Text('关闭'),
      ),
    ],
  );
}
Future<String> getVersionNumber() async {//(6)
  final packageInfo = await PackageInfo.fromPlatform();
  return packageInfo.version;
}
//此处传入的号码114仅供学习之用,请在实际应用中,更改为自己的号码        //(7)
Future<void> _makePhoneCall(String phoneNumber) async {
  final Uri launchUri = Uri(
    scheme: 'tel',
    path: phoneNumber,
  );
  await launch(launchUri.toString());
}
}
```

标记代码分别表示的含义如下：

（1）在状态类中定义是否可以打电话功能变量。

(2) 在初始化方法中测试是否具有打电话功能。
(3) 弹出关于信息的对话框。
(4) 异步加载版本号信息。
(5) 单击实现打电话功能。
(6) 定义异步得到版本号方法。
(7) 实现打电话功能。

18.12.3 主题的修改

在"我的"选项中，单击主题菜单，可以从颜色列表中选择自己喜欢的颜色。显示的颜色是 Flutter 框架中 Material Design 面板中的基本色列表，但不包括灰色。可以在 Colors 类的 primaries 属性中获得颜色列表，显示效果如图 18-12 所示。

首先，定义主题提供者类 ThemeProvider。当对主题进行修改时，使用 notifyListeners()方法通知其他的监听者，代码如下：

图 18-12　主题的修改

```
//第 18 章 18.32 主题的修改
class ThemeProvider with ChangeNotifier {
  Color _color = Colors.primaries.first;

  void setTheme(int index) {
    //使用 Material Design 面板中的基本色列表中的一种
    _color = Colors.primaries[index];
    notifyListeners();
  }

  Color get color => _color;
}
```

其次，在显示的弹出窗口中修改界面主题，代码如下：

```
//第 18 章 18.33 修改主题主界面
class _SettingsWidgetState extends State<SettingsWidget> {
  //(1)
  int _index;             //我们当前主题设置的是全局主题列表中的第几个
  @override
  void initState() {
    super.initState();
    //(2)
    loadData();           //查询当前持久化数据
  }
```

```
void loadData() async {
  SharedPreferences sp = await SharedPreferences.getInstance();    //获取持久化操作对象
  setState(() {
    _index = sp.getInt("theme") ?? 0;
                            //查询持久化框架中保存的theme字段,如果是null,则默认为0
  });
}
  //(3)
Widget _itemBuilder(BuildContext context, int index) {
  //(4)
  return GestureDetector(
    child: Container(
      width: double.infinity,
      height: 50,
      margin: EdgeInsets.only(top: 10, bottom: 10),
      decoration: BoxDecoration(
        color: Colors.primaries[index],
        borderRadius: BorderRadius.all(Radius.circular(20)),
      ),
      child: _index != index
          ? Text("")
          : Row(
              mainAxisAlignment: MainAxisAlignment.end,
              children: [
                Icon(
                  Icons.check,
                  color: Colors.white,
                ),
                SizedBox(width: 16),
              ],
            ),
    ),
    //(5)
    onTap: () async {
      SharedPreferences sp = await SharedPreferences.getInstance();
      sp.setInt("theme", index);           //单击后,修改持久化框架里的theme数据库
      Provider.of<ThemeProvider>(context, listen: false)
          .setTheme(index);                //将全局状态修改为选中的值
      setState(() {
        _index = index;                    //设置当前界面,刷新对勾
      });
    },
  );
}
  //(6)
```

```
    @override
    Widget build(BuildContext context) {
      return Scaffold(
        appBar: AppBar(
          title: Text("设置主题"),
          centerTitle: true,
          elevation: 10,
        ),
        body: Padding(
          padding: EdgeInsets.all(20),
          child: Scrollbar(
            child: ListView.builder(
              itemBuilder: _itemBuilder,
              itemCount: Colors.primaries.length,
            ),
          ),
        ),
      );
    }
  }
```

标记代码分别表示的含义如下：

（1）定义保存主题变量。

（2）在初始化方法中从本地存储中查询主题变量的值。

（3）定义显示列表中的单项外观样式。

（4）定义手势识别组件。

（5）通过手势识别组件的单击事件修改本地存储中的值，更新主题状态中的值，并通过 setState()函数修改界面，如果选中一行，则在右边显示对勾图标。

（6）在主界面中，通过 ListView.builder 显示主题列表，Colors.primaries 是 Material Design 面板中的基本色列表。

18.12.4　我的收藏功能实现

我的收藏实现从本地数据库中读取图片列表，在显示的列表中可以左右滑动以便删除收藏的图片，代码如下：

```
//第 18 章 18.34 实现我的收藏功能
class _FavoritesState extends State<Favorites> {
  FavoritesDB _favoritesDB;                                    //(1)
  @override                                                    //(2)
  void initState() {
    super.initState();
    _favoritesDB = FavoritesDB();
```

```dart
  }
  @override
  Widget build(BuildContext context) {
    return Scaffold(
      appBar: AppBar(
        title: Text('我的收藏——实现左右滑动删除'),
      ),
      body: Container(
        height: MediaQuery.of(context).size.height,              //(3)
        child: FutureBuilder(                                    //(4)
          future: getImages(),
          builder: (context, snapshot) {
            if (snapshot.hasData) {                              //(5)
              List<Map<String, Object>> imagesList = snapshot.data;
              return ListView.builder(                           //(6)
                itemCount: imagesList.length,
                shrinkWrap: true,
                itemBuilder: (context, index) {
                  return Dismissible(                            //(7)
                    onDismissed: (_) {
                      imagesList.remove(index);
                      Provider.of<FavoritesDB>(context, listen: false)
                          .deleteById(imagesList[index]['imageId']);
                      showSnackMessage(context, '已删除');
                    },
                    //movementDuration: Duration(milliseconds: 300),
                    key: Key(imagesList[index]['url']),
                    child: Card(
                      child: Image.network(
'${NetConfig.baseUrl}/images/${imagesList[index]['url']}',
                      ),
                    ),
                  );
                },
              );
            } else {
              return Text('no data');
            }
          }),
      ),
    );
  }
  getImages() async {                                            //(8)
    return await Provider.of<FavoritesDB>(context, listen: false).listData();
  }
}
```

标记代码分别表示的含义如下：

（1）定义数据库变量。

（2）在初始化方法中，初始化本地数据库。

（3）将容器的高度定义为整个页面的高度。

（4）通过 FutureBuilder 调用 getImages() 方法中的异步数据。

（5）查询本地数据库中是否有收藏的图片。

（6）使用 ListView.builder 实现图片列表。

（7）通过 Dismissible 实现左右滑动时删除图片，如果删除，则从状态类 FavoritesDB 中移除图片，并给用户提示。

（8）从本地数据库中得到图片列表。

18.12.5　个人设置功能的实现

个人设置功能可以对个人的信息进行修改，包括姓名、性别、地址、出生日期和个人描述。在打开页面前，需要先从本地存储中读取登录后的用户信息，并显示在页面中，如果为空，则显示默认值。修改完成后，再进行提交，并且要将修改的信息写到本地存储中，以便后面使用时能加载最新的用户信息。

其中所用到的组件有文本框、单选按钮、下拉列表、日期组件和自定义的同意提交复选框，并且部分带有必填功能，满足一定的条件后才能提交，否则有错误提示信息出现。修改个人信息页面，如图 18-13 所示，当部分内容为空时显示错误提示信息。

实现步骤如下：

第 1 步，定义性别枚举类型，代码如下：

图 18-13　修改个人信息

```
enum genders { man, woman }
```

第 2 步，在有状态类中初始化变量，代码如下：

```
//第 18 章 18.35 初始化变量
class _UserSettingState extends State<UserSetting> {
  final _formKey = GlobalKey<FormState>();

  bool isAgreed = false;
  TextEditingController _usernameController;
  TextEditingController _descritController;
  DateTime _birthDate = DateTime.now();
```

```
  var format = DateFormat('yyyy-MM-dd');                        //定义日期格式
  User user;
  var _gender;
  List<String> provinces = ['河南省','山东省','北京市','上海市'];   //地址
  String _address;
```

第3步,在初始化方法中得到本地存储变量 user 中的值,并赋值给页面所对应的变量,代码如下:

```
//第 18 章 18.36 在初始化方法中得到本地存储变量 user 中的值
@override
void initState() {
  Future.delayed(
      Duration.zero,
      () => setState(() {
            _getUser();
          }));

  super.initState();
}
//从本地存储和界面中得到用户信息
void _getUser() async {
  SharedPreferences prefs = await SharedPreferences.getInstance();
  String userpre = prefs.get("user");
  user = User.fromJson(jsonDecode(userpre));
  _usernameController = TextEditingController(text: user.username);
  _descriptController = TextEditingController(text: user.bio);
  _gender = user.gender == 1 ? genders.man : genders.woman;
  _address = user.city ?? provinces[0];
  if (null != user.birthDay) _birthDate = DateTime.parse(user.birthDay);
}
```

第4步,在 build()方法中调用各个功能点的方法或函数,代码如下:

```
//第 18 章 18.37 修改个人信息主界面
@override
Widget build(BuildContext context) {
  return Scaffold(
    appBar: AppBar(
      title: const Text('修改个人信息'),
      actions: [
        Padding(
          padding: const EdgeInsets.all(8),
          child: _submit(),                                    //(1)
        ),
```

```
            ],
          ),
          body: GestureDetector(                                            //(2)
            onTap: () => FocusScope.of(context).requestFocus(FocusNode()),
            child: Form(
              key: _formKey,
              child: Scrollbar(
                child: SingleChildScrollView(                               //(3)
                  padding: const EdgeInsets.all(16),
                  child: Column(
                    children: [
_getUserName(),                                                             //(4)
                      const SizedBox(height: 24),
                      Container(
                          alignment: Alignment.centerLeft, child: Text('请选择性别：')),
                      _selectGender(),                                      //(5)
                      _selectAddress(),                                     //(6)
                      _selectBirthday(),                                    //(7)
                      _descriptContent(),                                   //(8)
                      const SizedBox(height: 16),
                      isAgreeMethod(context),                               //(9)
                    ],
                  ),
                ),
              ),
            ),
          ),
        );
      }
```

标记代码分别表示的含义如下：

（1）提交功能的实现。

（2）手势识别，当单击空白位置时，键盘输入框消失。

（3）将页面设置为可滚动页面，便于在输入时，防止键盘输入框的出现，遮挡住页面的其他内容。

（4）用户名文本框的实现，与登录、注册代码类似，在此不再赘述。

（5）性别单选按钮的实现。

（6）地址选择的实现。

（7）出生日期的实现。

（8）个人描述的实现。

（9）是否同意选项的实现。

第5步，用户名文本框的实现，与登录、注册代码类似，在此不再赘述。

第 6 步,性别单选按钮的实现,主要在行组件中通过 Radio 单选按钮实现性别的单选,代码如下:

```
//第 18 章 18.38 性别选择的实现
Row _selectGender() {
  return Row(
    children: <Widget>[
      const Text('男'),
      Radio<genders>(
        value: genders.man,
        groupValue: _gender,
        onChanged: (genders value) {
          setState(() {
            _gender = value;
          });
        },
      ),
      const Text('女'),
      Radio<genders>(
        value: genders.woman,
        groupValue: _gender,
        onChanged: (genders value) {
          setState(() {
            _gender = value;
            //print(value);
          });
        },
      ),
    ],
  );
}
```

第 7 步,地址的选择,通过 DropdownButton 下拉列表实现,代码如下:

```
//第 18 章 18.39 地址的选择
Row _selectAddress() {
  return Row(
    mainAxisAlignment: MainAxisAlignment.spaceBetween,
    children: [
      Container(alignment: Alignment.centerLeft, child: Text('请选择所在城市:')),
      DropdownButton<String>(                              //(1)
        value: _address,                                   //(2)
        icon: const Icon(Icons.arrow_downward),
        iconSize: 20,
        underline: Container(
```

```
              height: 2,
              color: Colors.deepPurpleAccent,
            ),
            onChanged: (String newValue) {                              //(3)
              setState(() {
                _address = newValue;
              });
            },
            items: provinces.map<DropdownMenuItem<String>>((String value) {
              return DropdownMenuItem<String>(                          //(4)
                value: value,
                child: Text(value),
              );
            }).toList(),
          ),
        ],
      );
    }
```

标记代码分别表示的含义如下：

（1）使用 DropdownButton 组件实现下拉列表功能。

（2）下拉列表的默认值。

（3）单击实现下拉列表值的改变。

（4）将 provinces 中的值通过 map 方式添加到下拉列表中。

第 8 步，出生日期的实现，主要通过 showDatePicker 组件选择日期，代码如下：

```
//第18章 18.40 出生日期的实现
Row _selectBirthday() {
    return Row(
      mainAxisAlignment: MainAxisAlignment.spaceBetween,
      children: [
        Text('${format.format(_birthDate)}'),            //以格式化方式显示日期
        TextButton(
          child: Text('请选择出生日期'),
          onPressed: () async {
            final selectedDate = await showDatePicker(
              context: context,
              initialDate: _birthDate,                    //设置日期的初始值
              firstDate: DateTime(1900),                  //输入开始日期
              lastDate: DateTime(2100),                   //输入结束日期
            );
            setState(() {
              //如果取消为空,则值为当前日期
              _birthDate = selectedDate ?? DateTime.now();
```

```
        });
      },
    ),
  ],
);
}
```

第9步,多行文本框的实现,与一般文本框类似,只是多了 maxLines 属性,用于设置最多有多少行。

第10步,是否同意选项的实现,这是一个自定义的组件,代码如下:

```
//第18章 18.41 自定义组件,是否同意选项的实现
FormField<bool> isAgreeMethod(BuildContext context) {
  return FormField<bool>(
    initialValue: false,                                    //(1)
    validator: (value) {                                    //(2)
      if (value == false) {
        return '请选择上面的复选按钮,以同意提交信息.';
      }
      return null;
    },
    builder: (formFieldState) {
      return Column(
        crossAxisAlignment: CrossAxisAlignment.start,
        children: [
          Row(
            children: [
              Checkbox(
                value: isAgreed,                            //(3)
                onChanged: (value) {
                  //When the value of the checkbox changes,
                  //update the FormFieldState so the form is
                  //re-validated.
                  formFieldState.didChange(value);          //(4)
                  setState(() {
                    isAgreed = value;
                  });
                },
              ),
              Text(
                '我同意提交以上的信息.',
                style: Theme.of(context).textTheme.subtitle1,
              ),
            ],
          ),
```

```
            if (!formFieldState.isValid)                                    //(5)
              Text(
                formFieldState.errorText ?? "",
                style: Theme.of(context)
                    .textTheme
                    .caption
                    .copyWith(color: Theme.of(context).errorColor),
              ),
          ],
        );
      },
    );
  }
```

标记代码分别表示的含义如下：
(1) 将复选框的默认值设置为 false，复选框处于未选中状态。
(2) 对复选框进行合法性验证，只有为真时，才能进行提交。
(3) 对复选框进行赋值。
(4) 当复选框的值改变时，更新表单状态，以便重新验证。
(5) 对表单的样式进行设置，有错误时，对内容的样式进行修改。

第11步，实现提交功能，将个人信息提交到服务器，代码如下：

```
//第18章 18.42 提交功能的实现
Widget _submit() {
  return TextButton(
    style: TextButton.styleFrom(primary: Colors.white),
    child: const Text('提交'),
    onPressed: () {
      var valid = _formKey.currentState.validate();                         //(1)
      if (!valid) {
        return;
      }

      showDialog<void>(                                                    //(2)
        context: context,
        builder: (context) => AlertDialog(
          title: const Text('信息提交'),
          content: Text('信息提交'),
          actions: [
            TextButton(
              child: const Text('提交'),
              onPressed: () async {                                        //(3)
                var username = _usernameController.text;                   //(4)
                var description = _descriptController.text;
```

```
            SharedPreferences prefs =                         //(5)
                await SharedPreferences.getInstance();
            String userpre = prefs.get("user");

            User user = User.fromJson(jsonDecode(userpre));
            user.username = username;                          //(6)
            user.bio = description;
            user.birthDay = format.format(_birthDate);
            user.gender = _gender == genders.man ? 1 : 2;
            user.city = _address;
                                                               //(7)
            NetConfig.post(NetConfig.updateUserDetail, user.toJson())
                .then((value) {
              if (value == 1) {                                //(8)
                _savePreferences(user);                        //重新写入新的值
                Navigator.of(context).pop();
                showSnackMessage(context, '成功提交表单');       //(9)
              }
            });
          },
        ),
      ],
    ),
  );
}
```

标记代码分别表示的含义如下：
（1）提交前，先进行表单验证，如有问题，则页面出现错误提示信息。
（2）弹出提交对话框。
（3）单击实现向服务器的提交。
（4）从文本框得到姓名和个人描述信息。
（5）从本地存储中得到原来的用户信息。
（6）将表单中的值赋值给 user 对象。
（7）表单内容向服务器的提交。
（8）如果提交成功，则重新将 user 对象的值存入本地存储中。
（9）向用户提示，已成功将用户数据提交到服务器。

第 12 步，资源的销毁，代码如下：

```
//第 18 章 18.43 资源的销毁
@override
```

```
void dispose() {
    _descriptController.dispose();
    _usernameController.dispose();
    super.dispose();
}
```

18.13 修改应用程序图标

在 Flutter 项目的根目录中，如果要修改 android 应用的图标，则只需导航到.../android/app/src/main/res 路径。里面包含各种位图资源文件夹，如图 18-14 所示。例如 mipmap-hdpi 表示屏幕为 480×800，里面的图像 ic_launcher.png 表示应用程序的桌面图标。只需根据 Android 开发者指南中的说明，按照每种屏幕分辨率的建议图标大小标准设置，将前缀为 mipmap 文件夹中的图片替换为自己的图片。

iOS 图标所在位置为 Runner\Assets.xcassets\AppIcon.appiconset，替换掉相应的图片即可。修改后的桌面图标如图 18-15 所示。

图 18-14 修改应用程序图标   图 18-15 更改后的桌面图标

附 录 A

A.1 Postman 的使用

Postman 是一款非常流行的 API 调试工具平台,用于模拟构建和使用第三方的 API,在 Flutter 的开发中,常用于测试和服务器端的连接,使用的方式有 get、post 等,数据格式可以是文本、JSON 类型或二进制文件等。Postman 简化了 API 生命周期的每个步骤,简化了协作,因此可以更快更好地使用第三方提供的 API。现在已有约 1700 万用户在使用 Postman。

Postman 的下载网址为 https://www.postman.com/downloads/。

下载完成并安装后,需要先注册,注册登录后,如图 A-1 所示。

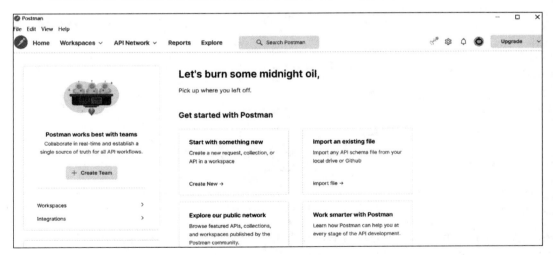

图 A-1 Postman 启动界面

单击图 A-1 中间的 Create New 按钮,会出现如图 A-2 所示的界面。

单击图 A-2 中的 New→Http Request,会出现如图 A-3 所示的界面。

这里模拟实现登录的过程。在图 A-3 中,我们可以在网址栏中,输入模拟登录的地址,一般可以在 Params 中模拟输入多个参数。这里要求向服务器端提交请求时,必须以 JSON

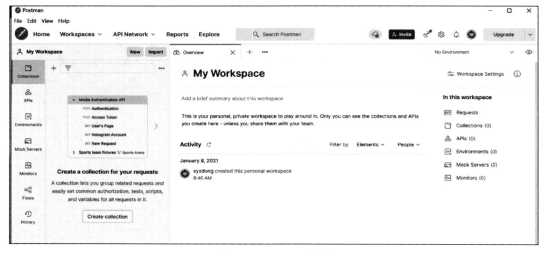

图 A-2　Postman 预览

图 A-3　使用 Postman 模拟登录

格式提交用户名和密码。此处单击 Body，选择 raw，并在右边的下拉列表中选择 JSON。在下面的文本框中输入以 Json 格式存在的 Json 数据，代码如下：

```
{"email": "555@555.com", "password": "555555"}
```

单击右边的 Send 发送按钮，可以向服务器发送请求，如果没有问题，则下面会出现从服务器返回的数据。此处表示模拟登录成功。

```
{
    "data": {
        "userId": 44,
        "email": "555@555.com",
        "username": "李白",
        "password": "555555",
        "avatarUrl": null,
        "bio": null,
        "birthDay": null,
        "gender": 2,
        "city": null,
        ...
    },
    "code": "1",
    "msg": "验证成功",
    "totalPage": null
}
```

在 Flutter 中，先通过 Postman 向服务器模拟请求数据，输入网址和相关格式的数据后，可以从服务器中得到返回的数据，这时可以测试输入的数据及网址是否正确，然后在实际的 Flutter 框架中写对应的代码，可以减少和服务器交互出错的概率。

如图 A-4 所示，在模拟提交时，可以通过 Params 输入多个参数信息，也可以在提交前输入或查看 Authorization 授权或 Headers 头部数据。在 Body 中提交输入的数据种类有 form-data 表单数据、x-www-form-urlencoded 表单重新编码数据、raw 原始数据类型数据、binary 二进制数据类型数据、GraphQL 等数据类型。在 Raw 中可以输入 Text、JavaScript、JSON、HTML 和 XML 格式数据类型。数据的提交方式可以是 get、post、put、delete 等。这些需要根据服务器端的要求，提交相应的数据类型和使用相应的提交方式来与服务器端进行交互。

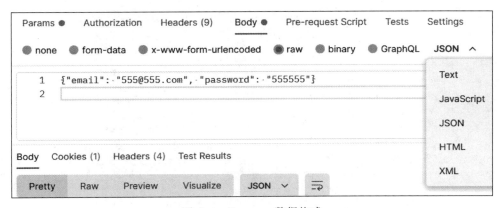

图 A-4　Postman 数据格式

A.2 后台服务器 JSON 数据

下面的示例包含与后台服务器进行交互所使用的 JSON 格式的数据。我们也可以根据 JSON 格式的数据，搭建自己的服务器以与 Flutter 程序进行交互。

实现注册或登录功能，向服务器上传的 JSON 格式数据如下：

```
{email: aaa@163.com, password: 123456}
```

得到所有的文本信息，网址栏中加载有参数 page=1，默认为接收一页信息，可以通过下拉刷新加载更多的数据，实现方式为 page 的值递增，累加得到更多的数据，参数格式为/post/getAllPosts？page=1，JSON 格式数据如下：

```
{"data":
  [
    {"postId":118,"userId":52,"username":null,"date":"2022-01-24 05:51:52.0","text":"111","imageUrl":null,"avatarUrl":null,"likeNum":null,"commentNum":null,"forwardNum":null,"isLiked":null,"isStar":null,"forwardId":null,"forwardName":null,"forwardText":null,"forwardImageUrl":null},
    {"postId":115,"userId":51,"username":null,"date":"2021-12-05 20:25:43.0","text":"最好有标题,没有标题,默认的2也要有","imageUrl":null,"avatarUrl":null,"likeNum":null,"commentNum":null,"forwardNum":null,"isLiked":null,"isStar":null,"forwardId":null,"forwardName":null,"forwardText":null,"forwardImageUrl":null},
    {"postId":114,"userId":51,"username":null,"date":"2021-12-05 20:25:32.0","text":"最好有标题,没有标题,默认1的也要有","imageUrl":null,"avatarUrl":null,"likeNum":null,"commentNum":null,"forwardNum":null,"isLiked":null,"isStar":null,"forwardId":null,"forwardName":null,"forwardText":null,"forwardImageUrl":null},
    {"postId":113,"userId":50,"username":null,"date":"2021-12-01 22:47:21.0","text":"在我看来,春天里一棵小草生长,它没有什么目的。风起时一匹公马奔跑,它也没有什么目的。公马奔跑绝非表演给什么人看的,这就是存在本身。","imageUrl":null,"avatarUrl":null,"likeNum":null,"commentNum":null,"forwardNum":null,"isLiked":null,"isStar":null,"forwardId":null,"forwardName":null,"forwardText":null,"forwardImageUrl":null},
    {"postId":112,"userId":44,"username":null,"date":"2021-11-03 02:32:16.0","text":"sdfsdfsdfdsfds","imageUrl":null,"avatarUrl":null,"likeNum":null,"commentNum":null,"forwardNum":null,"isLiked":null,"isStar":null,"forwardId":null,"forwardName":null,"forwardText":null,"forwardImageUrl":null},{"postId":111,"userId":44,"username":null,"date":"2021-11-03 02:19:46.0","text":"sdfsdfsdfdsfds","imageUrl":null,"avatarUrl":null,"likeNum":null,"commentNum":null,"forwardNum":null,"isLiked":null,"isStar":null,"forwardId":null,"forwardName":null,"forwardText":null,"forwardImageUrl":null},{"postId":105,"userId":44,"username":null,"date":"2021-11-03 02:07:24.0","text":"111222333","imageUrl":null,"avatarUrl":null,"likeNum":null,"commentNum":null,"forwardNum":null,"isLiked":null,"isStar":null,"forwardId":null,"forwardName":null,"forwardText":null,"forwardImageUrl":null},
```

```
    {"postId":106,"userId":44,"username":null,"date":"2021 - 11 - 03 02:07:23.0","text":
"111222333"," imageUrl": null," avatarUrl": null," likeNum": null," commentNum": null,
"forwardNum":null,"isLiked":null,"isStar":null,"forwardId":null,"forwardName":null,
"forwardText":null,"forwardImageUrl":null},
    {"postId":107,"userId":44,"username":null,"date":"2021 - 11 - 03 02:07:20.0","text":
"111222","imageUrl":null,"avatarUrl":null,"likeNum":null,"commentNum":null,"forwardNum":
null,"isLiked":null,"isStar":null,"forwardId":null,"forwardName":null,"forwardText":
null,"forwardImageUrl":null},
    {"postId":108,"userId":44,"username":null,"date":"2021 - 11 - 03 02:07:19.0","text":
"111222","imageUrl":null,"avatarUrl":null,"likeNum":null,"commentNum":null,"forwardNum":
null,"isLiked":null,"isStar":null,"forwardId":null,"forwardName":null,"forwardText":
null,"forwardImageUrl":null}],
  "code":"1",
  "msg":"获取动态",
  "totalPage":4
  }
```

在查询数据时,多增加了查询文本字段 post/searchPostBytext? key=9&page=1。

得到所有图片的信息,网址栏中加载有参数 page=1,默认为接收一页信息,可以通过下拉刷新加载更多的数据,实现方式为 page 的值递增,累加得到更多的数据 "/image/getAllImages? page=1"。JSON 格式数据如下:

```
{"data":
    [
    {"imageId":55,"userId":53,"date":"2022 - 01 - 24 02:05:25","text":"元旦快乐",
"imageUrl":"IMG20211223165801.jpg"},
    {"imageId":50,"userId":53,"date":"2022 - 01 - 24 02:05:23","text":"元旦快乐",
"imageUrl":"mmexport1640433673167.jpg"},
    {"imageId":51,"userId":53,"date":"2022 - 01 - 24 02:05:23","text":"元旦快乐",
"imageUrl":"mmexport1640433666512.jpg"},
    {"imageId":52,"userId":53,"date":"2022 - 01 - 24 02:05:23","text":"元旦快乐",
"imageUrl":"mmexport1640412161997.jpg"},
    {"imageId":53,"userId":53,"date":"2022 - 01 - 24 02:05:23","text":"元旦快乐",
"imageUrl":"mmexport1640412148897.jpg"},
    {"imageId":54,"userId":53,"date":"2022 - 01 - 24 02:05:23","text":"元旦快乐",
"imageUrl":"mmexport1640320281224.jpg"},
    {"imageId":49,"userId":52,"date":"2022 - 01 - 24 01:49:45","text":"hello world",
"imageUrl":"IMG_20211021_094009.jpg"}
    ],
    "code":"1",
    "msg":"获取动态",
    "totalPage":1
    }
```

根据 id 查询单条用户信息,JSON 格式数据如下:

```
{"data":
  {
    "userId":44,
    "email":"555@555.com",
    "username":"李白",
    "password":"555555",
    "avatarUrl":null,
    "bio":null,
    "birthDay":null,
    "gender":2,
    "city":null
  },
  "code":"1","msg":"查询成功","totalPage":null
}
```

参 考 文 献

[1] 弗兰克·扎米蒂. Flutter 实战[M]. 贡国栋,任强,译. 北京:清华大学出版社,2020.
[2] 闲鱼技术团队. Flutter 企业级应用开发实战——闲鱼技术发展与创新[M]. 北京:电子工业出版社,2021.
[3] 王浩然. Flutter 组件详解与实战[M]. 北京:清华大学出版社,2022.
[4] 马可·纳波利. Flutter 入门经典[M]. 蒲成,译. 北京:清华大学出版社,2021.

图书推荐

书　名	作　者
鸿蒙应用程序开发	董昱
HarmonyOS 应用开发实战（JavaScript 版）	徐礼文
鸿蒙操作系统开发入门经典	徐礼文
鸿蒙操作系统应用开发实践	陈美汝、郑森文、武延军、吴敬征
HarmonyOS 移动应用开发	刘安战、余雨萍、李勇军等
JavaScript 基础语法详解	张旭乾
华为方舟编译器之美——基于开源代码的架构分析与实现	史宁宁
鲲鹏架构入门与实战	张磊
华为 HCIA 路由与交换技术实战	江礼教
Android Runtime 源码解析	史宁宁
深度探索 Go 语言——对象模型与 runtime 的原理、特性及应用	封幼林
Flutter 组件精讲与实战	赵龙
Flutter 组件详解与实战	［加］王浩然（Bradley Wang）
Flutter 实战指南	李楠
Dart 语言实战——基于 Flutter 框架的程序开发（第 2 版）	亢少军
Dart 语言实战——基于 Angular 框架的 Web 开发	刘仕文
IntelliJ IDEA 软件开发与应用	乔国辉
Vue＋Spring Boot 前后端分离开发实战	贾志杰
Vue.js 企业开发实战	千锋教育高教产品研发部
Python 从入门到全栈开发	钱超
Python 全栈开发——基础入门	夏正东
Python 游戏编程项目开发实战	李志远
Python 人工智能——原理、实践及应用	杨博雄主编，于营、肖衡、潘玉霞、高华玲、梁志勇副主编
Python 深度学习	王志立
Python 预测分析与机器学习	王沁晨
Python 异步编程实战——基于 AIO 的全栈开发技术	陈少佳
Python 数据分析实战——从 Excel 轻松入门 Pandas	曾贤志
Python 数据分析从 0 到 1	邓立文、俞心宇、牛瑶
Python Web 数据分析可视化——基于 Django 框架的开发实战	韩伟、赵盼
Python 玩转数学问题——轻松学习 NumPy、SciPy 和 matplotlib	张骞
Pandas 通关实战	黄福星
深入浅出 Power Query M 语言	黄福星
FFmpeg 入门详解——音视频原理及应用	梅会东
云原生开发实践	高尚衡
虚拟化 KVM 极速入门	陈涛
虚拟化 KVM 进阶实践	陈涛
物联网——嵌入式开发实战	连志安
人工智能算法——原理、技巧及应用	韩龙、张娜、汝洪芳
跟我一起学机器学习	王成、黄晓辉
TensorFlow 计算机视觉原理与实战	欧阳鹏程、任浩然
分布式机器学习实战	陈敬雷
计算机视觉——基于 OpenCV 与 TensorFlow 的深度学习方法	余海林、翟中华
深度学习——理论、方法与 PyTorch 实践	翟中华、孟翔宇

书　名	作　者
深度学习原理与 PyTorch 实战	张伟振
ARKit 原生开发入门精粹——RealityKit＋Swift＋SwiftUI	汪祥春
HoloLens 2 开发入门精要——基于 Unity 和 MRTK	汪祥春
Altium Designer 20 PCB 设计实战（视频微课版）	白军杰
Cadence 高速 PCB 设计——基于手机高阶板的案例分析与实现	李卫国、张彬、林超文
Octave 程序设计	于红博
ANSYS 19.0 实例详解	李大勇、周宝
AutoCAD 2022 快速入门、进阶与精通	邵为龙
SolidWorks 2020 快速入门与深入实战	邵为龙
SolidWorks 2021 快速入门与深入实战	邵为龙
UG NX 1926 快速入门与深入实战	邵为龙
西门子 S7-200 SMART PLC 编程及应用（视频微课版）	徐宁、赵丽君
三菱 FX3U PLC 编程及应用（视频微课版）	吴文灵
全栈 UI 自动化测试实战	胡胜强、单镜石、李睿
FFmpeg 入门详解——音视频原理及应用	梅会东
pytest 框架与自动化测试应用	房荔枝、梁丽丽
软件测试与面试通识	于晶、张丹
智慧教育技术与应用	［澳］朱佳（Jia Zhu）
敏捷测试从零开始	陈霁、王富、武夏
智慧建造——物联网在建筑设计与管理中的实践	［美］周晨光（Timothy Chou）著；段晨东、柯吉译
深入理解微电子电路设计——电子元器件原理及应用（原书第 5 版）	［美］理查德・C. 耶格（Richard C. Jaeger）、［美］特拉维斯・N. 布莱洛克（Travis N. Blalock）著；宋廷强译
深入理解微电子电路设计——数字电子技术及应用（原书第 5 版）	［美］理查德・C. 耶格（Richard C. Jaeger）、［美］特拉维斯・N. 布莱洛克（Travis N. Blalock）著；宋廷强译
深入理解微电子电路设计——模拟电子技术及应用（原书第 5 版）	［美］理查德・C. 耶格（Richard C. Jaeger）、［美］特拉维斯・N. 布莱洛克（Travis N. Blalock）著；宋廷强译